JN078921

和算的推論

コラッツ予想・ゴールドバッハ予想の証明

多賀谷 梧朗

東京図書出版

まえがき

この本の内容は表題にもあるように、和算的推論でコラッツ予想と、ゴールドバッハ予想を証明するというものである。何言ってるの、と思われるかもしれない。

それらは、きちんと代数や解析学で、数式を操って、証明するものではないか。

それでいいのは、分かっている。でもそれで難儀しているなら、もっと別の思考方法でやればいいのではないか。そういう意味では何を使うか。日本には和算がある。

和算なんて古い数学ではないのか。確かに江戸時代からある古い数学であり、遅れた数学なのではと思ってしまう。

その時代は西洋の数学にも劣らず、円周率や円の面積など記号も使わずに解いているのだ。記号も使わずに解く方法を「いいこと」と言っているのではない。

肝心なのは、どんな思考方法なのかということである。西洋数学のように、ディファレンシャル、∫、Σ、関数、記号などを縦横に使用することから、解放するだけでなく、素朴な自由さを出してみることである。

例えば、時速４キロで歩けば７キロ行くのに何時間かかるか、という問題に、簡単に７÷４と考えるのではなく、時速４キロとは４キロなら１時間だ。あと３キロまで何時間かかるかということになる。４キロないから１時間はかからない。

1/4だけ少ない。１時間の1/4はどれくらいか、１時間の1/2

は時計を見れば半分だから30分、その半分は時計を見れば15分だ。あと1時間の4分の1、15分だけ少ない。

つまり、2時間引く15分で1時間45分だ。

これは、7÷4とどう違うのか。1時間と3/4時間で3/4は60分×3/4というところは鉛筆で数字を書かないと、間違えそうである。

これを、腕時計を見ながら、考えるやり方は、計算ではなく、見える化的で面白い。

論理推論は記号や関数を使えば使うほど、抽象的になりイメージから遠ざかる。

反対に、それを使わずにイメージを大事にすれば、分かりやすい。

分かりやすいとは、イメージができ、見える化により、易しい、なじみやすい、と感じる。ともかく、平凡な能力でも、理解できるように考えたつもりである。

平凡な能力とは私のことである。

加えて、全く関係のない気分転換の章を付け加えた。

多賀谷梧朗

目　次

まえがき 1

第１章　和算的推論 5

気分を変えて　その一 17

第２章　コラッツ予想の証明 19

気分を変えて　その二 39

第３章　ゴールドバッハ予想の証明について 41

気分を変えて　その三 56

Chapter 4　Proof of the Collatz conjecture 58

Chapter 5　Proof of the Goldbach conjecture 76

あとがき 91

第1章

和算的推論

和算とは、江戸時代の日本特有の数学の学問である。世界的にも高水準の数学で方程式、行列式や円周率、定積分などを西洋数学の記号や、文字や、解析法を使用せずに解く学問であり、関孝和という有名な数学者もいた。関孝和の弟子である建部賢弘は、「円周率π」の計算で、何十桁もの値を、弾き出すことに成功。これは天才レオンハルト・オイラーが微積分学を用いて同じ公式を発見するより前に解いていた。

現在では、ほぼ、西洋数学が全てで和算などで数学を解くことはない。

しかし、和算の論理思考方法は、独特で面白いものがある。その事例をいくつか挙げながら、和算の論理思考を考える。

1 問題1　油わけ算

５升の桶と３升の桶があります。

この２つを使って４升を量るにはどうすればよいでしょうか？

ただし油は自由に汲み入れたり捨てたりできます。

この解法はいろいろあると思うが、1升や2升の桶が無いことがネックである。一番早い解法は、代数的解法は5－3＝2で2升が量れる。つまり（5－3）×2＝4で5升の桶で入れたら3升の桶でくみ出す、それを2回行う。和算的推論はこれ以外にもある。

ひとつは、5升の桶で2回入れたら、3升の桶で3回くみ出す。これを4回行う、というものである。

つまり、(5×2－3×3)×4＝4となる。これを使えば1升という単位が可能で、1升単位が量れてしまう。このように、最短でなければならないという条件を外せば、いろいろな推論が可能である。

2 問題2　速度算

> 自動車と人が歩く場合、ある地点1から、地点2まで歩く場合と、車で行く場合、かかる時間が、当然違います。車と人の速さを比べると、10倍、車が速いとします。人が歩いて地点1から地点2へ行くのに2時間30分かかりました。では、車で行くと何時間かかりますか。

□代数的解法

人の速度を、毎時xキロメートルとし、車の速度を毎時yキロメートルとしたら、

$10x = y$ .... ①（車の速度は人の10倍）
$2.5x = y \times z$ .... ②（zは車でかかる時間）

求めるのはz（時間）である。①のyを②に代入してzを求めると、z＝1/4時間（15分）つまり、自動車で行くと、15分かかる。

代数的解法は問題文をできるだけそのまま代数的表現をすることである。あとは手続き的に解くことである。つまり、あまり推論をしないで、問題をありのままに、代数表現をして、後は手続き的に演算をすることになる。一言でいえば、推論をせず、手続き的に解くことで効率の上からは良いが、欠点は推論をしないことである。良い点は効率的で、あまり考える必要がないことである。

これは作業手順が決められた方法なので、効率が良いといえる。

□和算的解法

では和算的推論ならどうするか。人は2時間30分かかる。車は10倍速い、それなら、かかる時間は10分の1だろう、2時間30分（150分）の10分の1なら、15分だ。

ちょっと引っかける問題だが、何も方程式を立てる必要はないじゃないか、と思われるかもしれない。

つまり、和算的推論からいえば、方程式はむしろ、問題を複雑にしてしまう。

速度が倍になれば、かかる時間は半分になる。速度（km/h）

と所要時間は反比例する。そこを推論してもらえばいいだけである。

ここで説明したいのは、和算的推論の良さは、方程式解法のように固定方式化しないこと、自由な発想による推論をすること、加えて、意外な発想を持ち込むことである。代数的な文字記号を使わない、ということではない。江戸時代には和算家が多くいたが、それぞれの流派で面白い発想を持っていたという。

3 問題3　鶴亀算

> 鶴と亀が合わせて32匹います。それぞれの足の和は94になるとき、鶴と亀は何匹ずついるでしょうか？（鶴は足２本、亀は足４本です）

これを代数的に解くには、鶴の数を x、亀の数を y とすると、

$$x + y = 32$$
$$2x + 4y = 94$$

となり、この連立方程式を解くと、

x（鶴）$= 17$
y（亀）$= 15$

となる。これはつまり、文字を使って問題を表現して、解法手順に従って解くことになる。良いところは、手順通りに解法手続きを踏むので、効率的である。

しかし、だれが解いても、同じやり方である。言いたいのは、これには、推論がないことである。つまり、解に向かってどのようにするか、推論することがない。

どのようにして解くか、という推論がない。和算的推論の面白いのは、人によって解法が異なるということだ。鶴亀算を代数的解法ではない推論をやってみる。

例えば、次のように推論する。

もし、全部が亀であったら、亀は32匹になる。そうすると、足は32×４で128本になる。

足は94本なので多すぎる。ここで、亀を減らすために総数は減らせない、理由は、総数は32匹だからである。

そのためには、亀を１匹減らせば鶴を１匹増やす必要がある。亀を１匹減らして、鶴を１匹増やせば、総数は変わらず足は２本減る。つまり、128－94＝34本を減らすために34÷２＝17匹の亀を減らして、17匹の鶴を加えるとよい。

答えは鶴は17匹で亀は32－17で、15匹になる。

これを全部が鶴であったと考えてもよい。つまり、鶴が32匹だったとしたら、足は64本でなければならない。今度は足を増やす必要がある。総数を変えずに足を増やすには、鶴を１匹減らして、亀を１匹増やせば、総数は変えずに足を２本増やせる。

このように、同じやり方で解くこともできる。

4 問題4　鼠算

> 1月に父ネズミと母ネズミが出て、子供を12匹（オスを6匹、メスを6匹）産みます。親と子と合わせて7つがい、14匹になります。2月になると、親も子供も1つがいにつき12匹ずつ産むので、全部で98匹になります。このように、月に1度ずつ、親、子、孫、ひ孫、とみな1つがいにつき12匹ずつ産むとき、12月末には全部で何匹になるでしょう。

これは鼠算という等比数列で、急激に増える数字の列で、月毎に計算してみて、初めて次の数字が、前の数字の一定倍となることが分かるのである。

その推論は月毎に計算してみて、7^n となることが分かる。実際に表を作成して、1カ月毎に計算して初めて理解できる。

これも和算的な推論であり、理論を適用するのではなく、一つ一つ作業をして、行き着くのが、7^n というものである。その作業表が鼠算の表である。

このやり方は作業推論とでもいえるもので、作業が段々終わりに近づくと論理が見えてくるのである。

ネズミの月別増加表

月	ネズミの親の数	生まれた子ネズミの数	総数		
1	2	12	14	7×2	$2\times1/2\times12+2=14$
2	14	84	98	$7\times7\times2$	$14\times1/2\times12+14=7\times12+7\times2=7\times14=7\times7\times2$
3	98	588	686	$7\times7\times7\times2$	$7\times7\times2\times1/2\times12+7\times7\times2=7\times7\times12+7\times7\times2=7\times7\times14=7\times7\times7\times2$
4	686	4,116	4,802	$7^4\times2$	$7\times7\times7\times2\times1/2\times12+7\times7\times7\times2=7\times7\times7\times14=7^4\times2$
5	4,802	28,812	33,614	$7^5\times2$	$7^4\times2\times1/2\times12+7^4\times2=7^4\times14=7^5\times2$
6	33,614	201,684	235,298	$7^6\times2$	$7^5\times2\times1/2\times12+7^5\times2=7^5\times12+7^5\times2=7^6\times2$
7	235,298	1,411,788	1,647,086	$7^7\times2$	$7^6\times2\times1/2\times12+7^6\times2=7^6\times12+7^6\times2=7^7\times2$
8	1,647,086	9,882,516	11,529,602	$7^8\times2$	$7^7\times2\times1/2\times12+7^7\times2=7^7\times12+7^7\times2=7^8\times2$
9	11,529,602	69,177,612	80,707,214	$7^9\times2$	$7^8\times2\times1/2\times12+7^8\times2=7^8\times12+7^8\times2=7^9\times2$
10	80,707,214	484,243,284	564,950,498	$7^{10}\times2$	$7^9\times2\times1/2\times12+7^9\times2=7^9\times12+7^9\times2=7^{10}\times2$
11	564,950,498	3,389,702,988	3,954,653,486	$7^{11}\times2$	$7^{10}\times2\times1/2\times12+7^{10}\times2=7^{10}\times12+7^{10}\times2=7^{11}\times2$
12	3,954,653,486	23,727,920,916	27,682,574,402	$7^{12}\times2$	$7^{11}\times2\times1/2\times12+7^{11}\times2=7^{11}\times12+7^{11}\times2=7^{12}\times2$

5 和算的推論と代数学的推論はどう違うのか

これを説明するのに、鶴亀算を例に挙げたが、代数学とどう違うのか。図を用いた方法で説明しよう。下の図のQが問題でAが答えとすると、代数学的推論では、合理的に最短距離のQ—U—X—Y—Z—Aが解法だとすれば、和算的推論では、もちろん、最短距離の代数学的推論も解法になるが、他にもQ—M—N—O—U—P—R—S—X—Y—Z—Aでも、Q—U—P—R—T—X—Y—Z—Aでも、解法になるという意味である。

つまり、同じ線上を行ったり来たりしない限り、多少遠回りでも、きちんと答えに行き着くことが大事である。

その解法は流派によって違うのである。

もう少し説明すると、代数学的推論は未知数などに文字を

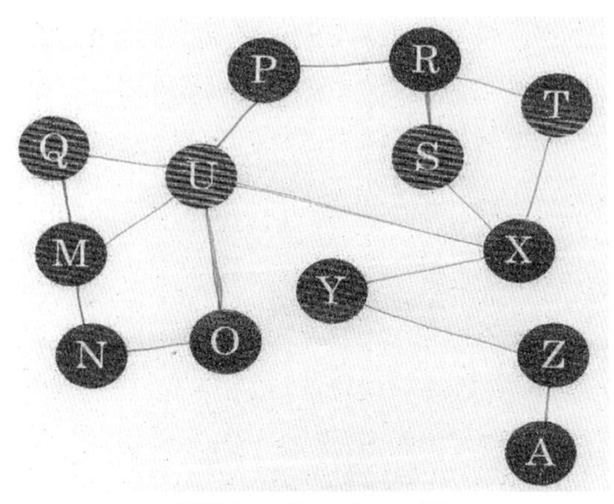

問題から答えまでの図

使って、問題をそのまま表して、その後の解法は決められたとおりに演算する。つまり、最短距離で、又は同じ解法で答えに行き着け、ということになる。それに比べて和算的推論は未知数に文字を使えとか、その後の解法になる手順はなく、流派によって、推論の仕方が違うというより、自由であるということだ。

つまり、多少遠回りでも、きちんと解答に行き着くことが重要である。

遠回りでも、つまり、同じ道を何回も行き来する論理の無駄がない限り、推論として成立するのである。

6 縦型思考と横型思考

西洋数学と比べて、特に整数の思考法で面白いのが、数字の表記である。

和算では、漢字を用いて縦に数字を書く。現代数学はみな横に書く。アラビア数字だからではなく、数字で演算するときに横型でなければ計算しにくいからか。

和算だって、そろばんは横型の計算器である。

でも、縦書きでも計算できる。

掛け算の例を挙げると、

例　縦書きと横書き

三
千
四
百
二
十
五
円

3425円

例　縦書き計算と横書き計算

アラビア数字の縦書き計算

									6	7
3				1	9			8		8
4	×			2		1	4			7
2	2	1	6			0				7
5	3	5								5

横書き計算

3425
×23
15
60
1200
9000
100
400
8000
60000
78775

掛け算の例

7 10進法の単位

数字の桁上げは10進法であるが、和算の場合は10進数なのかな、と思う場合がある。面白いのは10進法の単位である。

数字は10進法が元である。

何故10進法か。それは人間の手の指がちょうど10本あるからである。大昔の日本では一、二、三、四、五、六、七、八、九、十ではなかった。この数字は中国から伝わった漢字文字による数字だ。

本来の日本の数字は、ひい、ふう、みい、よ、いつ、むう、なな、やあ、ここの、とう、という数字だ。十一はない。とう、の上の数字はもうない。どういうことかというと、とう、以上は、いっぱい、たくさんで済ませる。手の指は10本でそれ以上はない。

10進法の桁の読み方も西洋と日本では違っている。日本というより中国から伝わったから、中国の単位とも言える。10進法の数字は10になると桁を上げる。

1	10	10^{2}	10^{3}	10^{4}	10^{5}	10^{6}	10^{7}	10^{8}	10^{9}	10^{10}
一	十	百	千	万	十万	百万	千万	億	十億	百億
10^{11}	10^{12}	10^{13}	10^{14}	10^{15}	10^{16}	10^{17}	10^{18}	10^{19}	10^{20}	10^{21}
千億	兆	十兆	百兆	千兆	京	十京	百京	千京	垓	十垓

英語では、

10^{3}	10^{6}	10^{9}	10^{12}	10^{15}
thousand	million	billion	trillion	quadrillion

となり、面白いことに、日本の場合は、4桁ごとに単位が変

わる。

英語の数字はワン、ツウ、スリー、……、テン（10)、と、数字の単位は、テン（ten)、ハンドレッド（hundred)、サウザンド（thousand)、から後は３桁ごとに、ミリオン（million)、ビリオン（billion)、トリリオン（trillion)、クワッドリオン（quadrillion）と、きちんと周期的に単位が決まる。

もう一つは、西洋のダースは12が、ひとくくりである。時間も日付も12がひとまとめの単位になっている。

つまり、10進法の根拠は人間の手の指が根拠で、数字は、10進法でなくてはならない、という根拠は何もない。

では、何進法が一番良いのか。それは数字を何に用いるか、による。何進法でもよい。その数字を何に用いるかによるとは、それが、どれだけ便利かによる。

２進法はコンピュータの演算には最適だ。

理由はコンピュータの信号はon、off、０、１の信号しかない。よって、０と１で全ての数字を表す２進法、これが究極の数字であり、３進法、４進法、５進法、６進法、７進法、など全部可能である。２進法で表す数字を２進数、３進法で表す数字を３進数、と呼ぶことにする。

このように、何に使うかにより、最適の何進数を使うかを決めるとよい。

憶ふこと　ありて辿りし　冬泉
厨窓　開けば枯野　あらわるる
帰り花、墓山下る　卵売り
崖に月、寒涛の　ひとうねり

気分を変えて　その一

作：長野晔

緑陰を　出て緑陰をすぐに恋ふ

藤散って　何事もなき藤の寺

ひと巡りして　一本の花に凭(もた)れる

橋をきて、橋を戻りぬ夕桜

寒禽(かんきん)の　鋭く啼きて　鎮(しず)もれり

寒林に　入るあたたかき　掌(たなごころ)

第２章

コラッツ予想の証明

① コラッツ予想とは

コラッツ予想とは、任意の正の整数に対して、偶数の場合は２で割る、奇数の場合は３倍して１を足す、という操作を繰り返すと、最終的に必ず１になるという予想である。

② 前提条件１

正の整数は10進数である。全ての10進数は16進数と２進数で表現される。

16進数は１から始まり2, 3, 4, 5, 6, 7, 8, 9, 10, 11, 12, 13, 14, 15で桁を上げる数字と定義する。16進数を表現する数値はないので、１から15までの10進数の数字表示を使用する。

その表示方法を定義していないので、表示方法を定義する。

(1) 定義

16進数の表現を下記のように、階段表示にする。

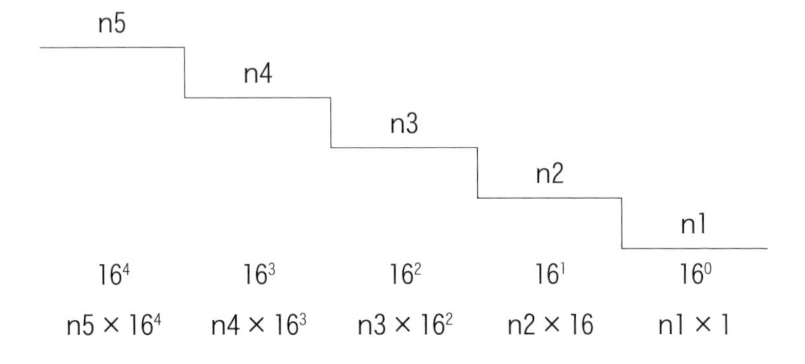

1．n1～n5はそれぞれ1～15の数字（10進数）である。
2．$n3 \times 16^2$などは10進数への変換後の数字である。
3．$n5 \times 16^4 + n4 \times 16^3 + n3 \times 16^2 + n2 \times 16^1 + n1$は10進数への変換後の数字である。

⑵ 具体的な例

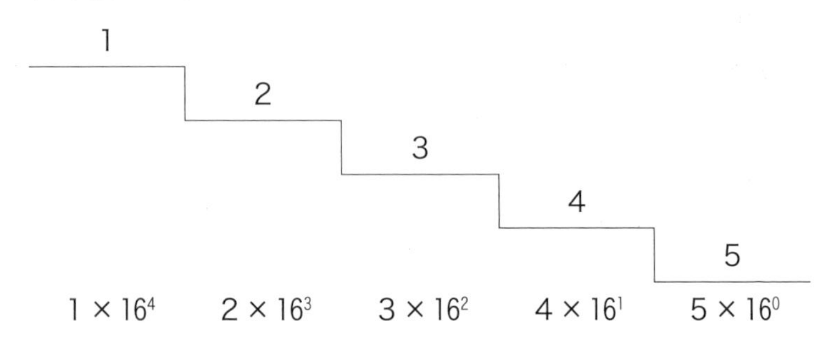

10進数で表現すると、$1 \times 16^4 + 2 \times 16^3 + 3 \times 16^2 + 4 \times 16^1 + 5 = 74565$になる。

3 前提条件2

16進数の表現を2進数で表現すると、4ビットで表現される。つまり、1111は2進数で15になる。4ビット毎に数値を表すと4ビットで桁上げをする16進数になる。

(1) 定義1

4ビット毎の2進数を、空白を入れて表現する。

□具体的な例

1001　1101　1111　0001　1001

10進数にすると、(2の19乗)+(2の16乗)+(2の15乗)+(2の14乗)+(2の12乗)+(2の11乗)+(2の10乗)+(2の9乗)+(2の8乗)+(2の4乗)+(2の3乗)+1、になる。

これを、16進数表現では、$16^4 \times 9 + 16^3 \times 13 + 16^2 \times 15 + 16 \times 1 + 9$になる。

(2) 定義2

4ビット毎の階段表記とする。

□ **具体的な例**

16進数の４ビット（階段）表示

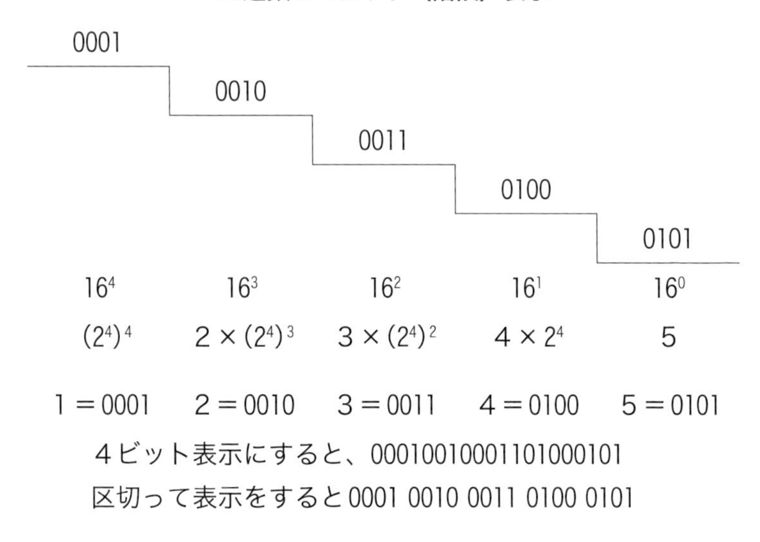

これは２進数を一列に並べると分かりにくいので、16進の階段表現をしたものである。

4 前提条件３

(1) ２進数の演算１

割り算（偶数なら２で割る）の方法は２進数は末尾が０なら偶数である。末尾が０であるなら、右シフトさせる。末尾が１なら奇数である。

⑵ 具体的な例

10進数14は、２進数で表現すると、1110である。２で割ると、右シフトさせて0111となって、10進数では７となる。

⑶ ２進数の演算２

掛け算の方法で２倍にするとは、左シフトさせること。３倍にする場合は左シフト１回して元の数字（２進数）を加算する。

⑷ 具体的な例

10進数５は、２進数で表現すると、0101である。２倍するには、左シフト１回させて1010（10進数で10）とする。３倍するには、更に1010に0101を加算する。

```
  1010
＋0101
──────
  1111（15）
```

となる。つまり、５×３＝15になる。

⑤ 証明１

正の整数を16進数で表現する。１段目の$n1$は１～15である。16になるときに１段上がる。２段目は16の段で、同じく、１～15まで、そこでは$16 \times n2$となる。

次の段は16^2で$16^2 \times n3$となり、次の段に行く。

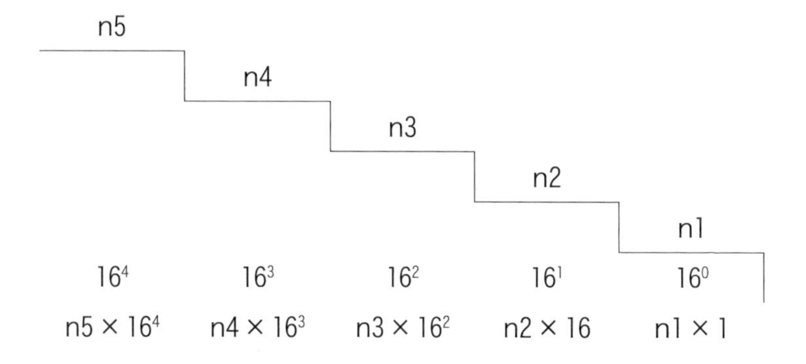

1. n1〜n5はそれぞれ1〜15の数字（10進数）である。
2. $n3 \times 16^2$などは10進数への変換後の数字である。
3. $n5 \times 16^4 + n4 \times 16^3 + n3 \times 16^2 + n2 \times 16^1 + n1$は10進数への変換後の数字である。

ここでは最初の桁の1〜15までを、「奇数なら3倍し1を足し、偶数ならば2で割る」という処理をすると、16になり桁を上げることになる、ということを証明する。

0〜15までの表

10進数	2進数	折返し	奇数×3	足す1	偶数÷2	偶数÷2	偶数÷2	偶数÷2	偶数÷2
0	0								
1	1		3	4	2	1			

2	10				1				
3	11		9	10	5				
		5	15	**16**	8	4	2	1	
4	100				2	1			
5	101		15	**16**	8	4	2	1	
6	110				3				
		3	9	10	5				
		5	15	**16**	8	4	2	1	
7	111		21	22	11				
		11	33	34	17				
		17	51	52	26	13			
		13	39	40	20	10	5		
		5	15	**16**	8	4	2	1	
8	1000				4	2	1		
9	1001		27	28	14	7			
		7	21	22	11				
		11	33	34	17				
		17	51	52	26	13			
		13	39	40	20	10	5		
		5	15	**16**	8	4	2	1	
10	1010				5				
		5	15	**16**	8	4	2	1	
11	1011		33	34	17				
		17	51	52	26	13			
		13	39	40	20	10	5		

		5	15	**16**	8	4	2	1	
12	1100				6	3			
		3		10	5				
		5	15	**16**	8	4	2	1	
13	1101		39	40	20	10	5		
		5	15	**16**	8	4	2	1	
14	1110				7				
		7	21	22	11				
		11	33	34	17				
		17	51	52	26	13			
		13	39	40	20	10	5		
		5	15	**16**	8	4	2	1	
15	1111		45	46	23				
		23	69	70	35				
		35	105	106	53				
		53	159	160	80	40	20	10	5
		5	15	**16**	8	4	2	1	

1, 2, 4, 8以外の数字は全て16になり、16進数の桁を一つ上げることになる。

つまり最小桁（1から15）ではなく、次の桁に繰り上がる。

この時に、1, 2, 4, 8は16にならずに、2で割ると1に行き着くが、16進数の上位に数字があれば、上位の数字の最小数字を借りてきて、それとともに奇数なら3倍して1を足し、偶数なら2で割る手続きをすると、16になる。

１は16＋１で17、２は16＋２で18、４は16＋４で20、８は16＋８で24、これを「奇数なら３倍し１を足し、偶数ならば２で割る」処理をすると、16になる。以下の表のとおり。16になる意味は上位の16進数の桁に上げられると、その桁は０になる。

これを４ビット２進数に直すと、１0000となって、桁が上がり、最小桁が0000となる。つまり0000の偶数で、右シフト演算（２で割る）が続くことになる。

１（17）、２（18）、４（20）、８（24）の表

10進数	2進数	折返し	奇数×3	足す1	偶数÷2	偶数÷2	偶数÷2	偶数÷2	
17	10001		51	52	26	13			16＋1
		13	39	40	20	10	5		
		5	15	**16**	8	4	2	1	
18	10010				9				16＋2
		9	27	28	14	7			
		7	21	22	11				
		11	33	34	17				
		17	51	52	26	13			
		13	39	40	20	10	5		
		5	15	**16**	8	4	2	1	
20	10100				10	5			16＋4

		5	15	**16**	8	4	2	1	
24	11000				12	6	3		16＋8
		3	9	10	5				
		5	15	**16**	8	4	2	1	

＊16進数の最小桁（1～15）の1, 2, 4, 8の上位桁（4ビット上位）から1を借りてくる。2の場合、10010として演算をする。

1, 2, 4, 8は16進数の上位に数字がなければ、「奇数なら3倍し1を足し、偶数ならば2で割る」をすれば1になってしまう。

6 証明2

10進数を用いた16進数で説明を行ったが、次に、2進数の4ビット数字で同じ証明をする。

最小桁は0000から1111まで、10進数で0から15までである。この時に0001（1）と0010（2）と0100（4）と1000（8）は、上位の桁に数値があれば、上位の4ビットから10000を借りてきて1 0001（17）、1 0010（18）、1 0100（20）、1 1000（24）として、「奇数なら3倍し1を足し、偶数ならば2で割る」処理をすれば、1 0000（16）になる。下位4ビットを処理して、1 0000として桁を上げ、次の4ビットも処理結果1 0000 0000となっていく。

２進数（ビット）表（1～15）

10進数	2進数	折返し	奇数×3+1	偶数÷2	偶数÷2	偶数÷2	偶数÷2	偶数÷2
1	1		100	10	1			
2	10			1				
3	11		1010	101				
		101	10000					
4	100			10	1			
5	101		10000					
6	110			11				
		11	1010	101				
		101	10000					
7	111		10110	1011				
		1011	100010	10001				
		10001	110100	11010	1101			
		1101	101000	10100	1010	101		
		101	10000					
8	1000			100	10	1		
9	1001		11100	1110	111			
		111	10110	1011				
		1011	100010	10001				
		10001	110100	11010	1101			
		1101	101000	10100	1010	101		
		101	10000					
10	1010			101				
		101	10000					

11	1011		100010	10001				
		10001	110100	11010	1101			
		1101	101000	10100	1010	101		
		101	**10000**					
12	1100			110	11			
		11	1010	101				
		101	**10000**					
13	1101		101000	10100	1010	101		
		101	**10000**					
14	1110			111				
		111	10110	1011				
		1011	100010	10001				
		10001	110100	11010	1101			
		1101	101000	10100	1010	101		
		101	**10000**					
15	1111		101110	10111				
		10111	1000110	100011				
		100011	1101010	110101				
		110101	10100000	1010000	101000	10100	1010	101
		101	**10000**					

２進数（ビット）表（17、18、20、24）

10進数	2進数	折返し	奇数×3＋1	偶数÷2	偶数÷2	偶数÷2	
17	10001		110100	11010	1101		16＋1
		1101	101000	10100	1010	101	

		101	**10000**				
18	10010			1001			16＋2
		1001	11100	1110	111		
		111	10110	1011			
		1011	100010	10001			
		10001	110100	11010	1101		
		1101	101000	10100	1010	101	
		101	**10000**				
20	10100			1010	101		16＋4
		101	**10000**				
24	11000			1100	110	11	16＋8
		11	1010	101			
		101	**10000**				

＊1, 2, 4, 8は上位に数値があれば、16を借りて処理する。

＊上位に数値がなければ、２で割り、最終1になる（1は3倍して1を足す）。

2, 4, 8は上位に数値がなければそのまま、２で割ることを続けて1になる。

1は奇数で×３＋１で4となり、後は2で割ることを続けて1になる。上記のとおり。

7 証明の総括

(1) 総括

正の整数を16進数で表示すると、方法は4ビットの２進数か、10進数を使って階段表示をするかである。16進数の各段階（4ビット毎）の数値を、「奇数であれば3倍し、1を足し、偶数であれば2で割る」処理をすると、16（1 0000）になる。

つまり16進数で1桁上げる結果になる。4ビット2進数でも、「奇数であれば３倍し、１を足し、偶数であれば２で割る」処理をすると、1 0000（16）となって、必ず桁を上げる（上の段の末尾に１を加える）ことになる。

桁が上がるので最下段の１～15は０になる。次の段に16を加える。又は４ビットの２進数に上の４ビットの最小桁に１を加算して、その４ビットについて、「奇数であれば３倍し、１を足し、偶数であれば２で割る」処理を行う。

1, 2, 4, 8は上位に数値がなければ、そのままで、

１の場合、１×３＋１＝４、４÷２、２÷２、１
２の場合、２÷２＝１
４の場合、４÷２＝２、２÷２＝１
８の場合、８÷２＝４、４÷２＝２、２÷２＝１

となる。

1, 2, 4, 8の上位（上段）に16進数、又は４ビット２進数で、数値があれば、16を借りてきて、又は５ビットまで入れて、処理をすれば、16つまり1 0000になる。

16進数では、16＋１、16＋２、16＋４、16＋８、つまり、17, 18, 20, 24が16になり、４ビットの２進数では10001、10010、10100、11000を、同じ処理をすれば、10000（16）になる。

16進の階段表記で示す各階段、又は、２進数の４ビット表示で示す16進表記の４ビットで表示する各桁の４ビット毎に「奇数であれば３倍し、１を加算し、偶数であれば、２で割る」

の処理を行えば、必ず10000（16）になって、次の桁（上段）に１を桁上げする。

最小桁の４ビットは0000となり、その上位の４ビットに１が入り、その桁の４ビットに１を加算して、同じ処理を行えば、また10000（16）となる。つまり最小桁の４ビットから始めて、1 0000（16）となり、上位の桁に数値１が入るので、４ビットの桁を上げるたびに、直下の桁の４ビット数字は0000になる。同じ処理を繰り返すと、最後は、最上位桁の４ビットは0001、0010、0100、1000、1 0000のいずれかになり、以下は、全て0000となるので、偶数は２で割る。つまり２進数演算の右シフトを繰り返す。最後は１になる。

⑵ 証明の総括の箇条書き（簡潔表現）

①任意の10進数を16進数に変換する。

②16進数を10進数を用いて、階段表記する、又は４ビットの２進数で表記する。

③16進数の各段（又は、２進数の４ビット）を「奇数であれば３倍し、１を足し、偶数であれば２で割る」処理をすると、必ず16（1 0000）になる。

④③の処理で、１（0001）、２（0010）、４（0100）、８（1000）、は上位の段に数値があれば、16＋１＝17（1 0001）、16＋２＝18（1 0010）、16＋４＝20（1 0100）、16＋８＝24（1 1000）として、（上位の段の末桁の１を借りて）「奇数であれば３倍し、１を足し、偶数であれば２で割る」処理をする。結果は必ず16（1 0000）となる。

上位の段に数値がなければ、そのまま２で割り続けて１になる。

⑤16（1 0000）になると、16進数の上の段へ１（４ビットでは1 0000）を加算する。

⑥16進数の１番下の段（最下位の４ビット）で①から⑤の処理が終わり、16（1 0000）になれば、その上の段の４ビットで、①から⑤の処理をする。

⑦①から⑥を繰り返すと、最上段の桁（最上位の４ビット）で、１（0001）、２（0010）、４（0100）、８（1000）、16（1 0000）のいずれかとなる。

⑧⑦で最上位の１以降は全て０になり、偶数だから、２で割り続ける（右シフト続ける）と、１になる。

⑶ 具体的な処理例１（16進数階段表記の例）

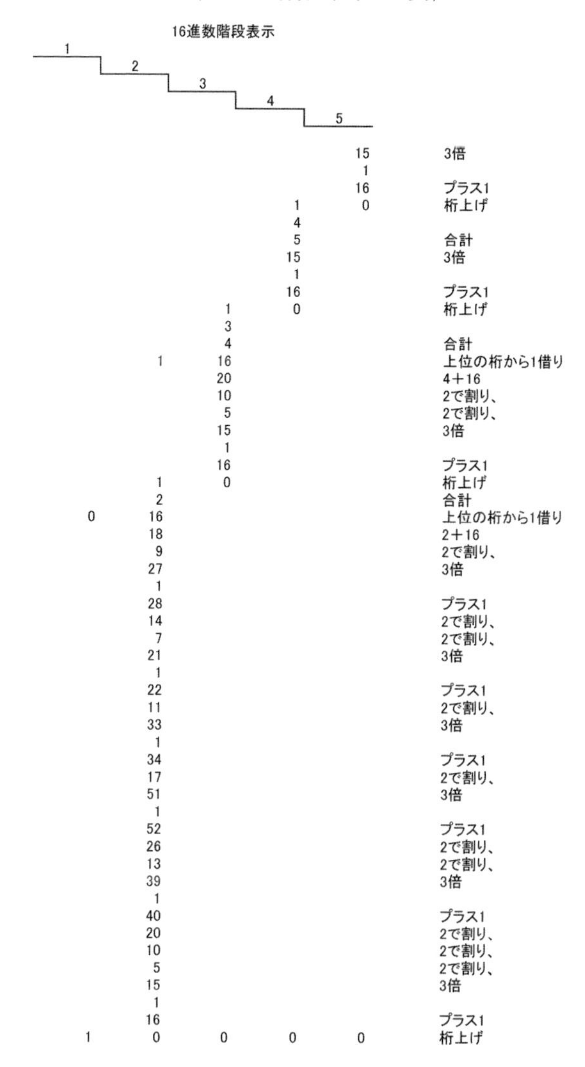

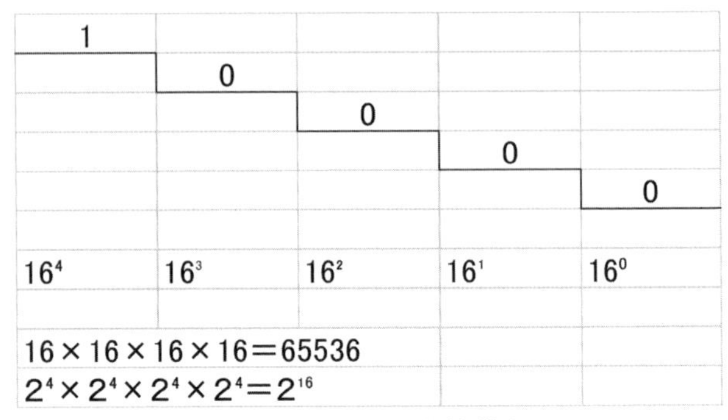

最終の10000の16進数階段図

⑷ 具体的な処理例２（４ビット表記の場合）

```
0001______0001 0000 0000 0000 0000
          |0010______0010 0000 0000 0000
                    |0011______0011 0000 0000
                              |0100______0100 0000
                                        |0101______0101
```

1	2	3	4	5	
0001	0010	0011	0100	0101	
				1010	左シフト（2倍）
				1111	元数加算3倍
				0001	プラス1
				10000	合計
			0001	0000	桁上げ
			0101		加算
			1010		左シフト（2倍）
			1111		元数加算3倍
			0001		プラス1
			10000		合計
		0001	0000		桁上げ
		0100			加算
	0001	10100			上位の桁から1借り
		1010			2で割り、（右シフト）
		0101			2で割り、（右シフト）
		1010			左シフト（2倍）
		1111			元数加算3倍
		0001			プラス1
		10000			合計
	0001	0000			桁上げ
	0010				加算
0000	10010				上位の桁から1借り
	1001				2で割り、（右シフト）
	10010				左シフト（2倍）
	11011				元数加算3倍
	0001				プラス1
	11100				合計
	1110				2で割り、（右シフト）
	0111				2で割り、（右シフト）
	1110				左シフト（2倍）
	10101				元数加算3倍
	0001				プラス1
	10110				合計

次のページへつづく

	1011				2で割り、(右シフト)
	10110				左シフト(2倍)
	100001				元数加算3倍
	100010				プラス1
	10001				2で割り、(右シフト)
	100010				左シフト(2倍)
	110011				元数加算3倍
	0001				プラス1
	110100				合計
	11010				2で割り、(右シフト)
	1101				2で割り、(右シフト)
	11010				左シフト(2倍)
	100111				元数加算3倍
	0001				プラス1
	101000				合計
	10100				2で割り、(右シフト)
	1010				2で割り、(右シフト)
	0101				2で割り、(右シフト)
	1010				左シフト(2倍)
	1111				元数加算3倍
	0001				プラス1
0000	10000				合計
0001	0000				桁上げ
0001	0000	0000	0000	0000	合計
					1×16^4で、2で割り切れる。

下から４ビット毎に「奇数なら３倍プラス１、偶数なら２で割る」処理をすると、10000となり、次の上の桁の４ビットに桁を１上げる。

最終的に最上位の桁が１になり、以下は全て０（偶数）になるので、２で割り切れて、１になる。

鬼百合の　三月の潮のひかり　掬いけり

山狭に　火を焚きし人　戻り来る

霧、はるる　竹林の底力　自の墓

霧の宮　うつろひ揺るる　水のごと

国学の系譜　落葉のうずたかし

気分を変えて　その二

おかとらの　お灯台へ　道尽くるとき

師の墓を　ふりかへるとき　春の蟬

一舟の沖、春眠の魚あまた

めのは採る　夕餉の膳に　足りるだけ

音たてて　月日流るる　吾亦紅

第３章

ゴールドバッハ予想の証明について

1 ゴールドバッハ予想とは

「４以上の偶数は２つの素数の和で表せる」

2 証明の前提事項

(1) 素数の定義
　素数は自身の数以外では割り切れない（但し１は除く）。
(2) 素数の定義により、10進法の１桁目の2, 3, 5, 7は素数である。
(3) 2, 3, 5, 7の最小公倍数は２×３×５×７＝210である。
(4) 10進法で表した数字を10進数という、同様に２進法で表した数字を２進数、３進法で表した数字を３進数、５進法で表した数字を５進数、７進法で表した数字を７進数という。
(5) 10進数は、２進数３進数５進数７進数で表記できる。

3 10進数、２進数、３進数、５進数、７進数について

⑴　１から210までの10進数、２進数、３進数、５進数、および７進数は、表１（48頁参照）のとおりである。

⑵　表１の２進数の１桁目が０になるのは２の倍数である。

⑶　表１の３進数の１桁目が０になるのは３の倍数である。

⑷　表１の５進数の１桁目が０になるのは５の倍数である。

⑸　表１の７進数の１桁目が０になるのは７の倍数である。

⑹　従って、10進数の欄で、同じ数字の２進数、３進数、５進数、７進数の１桁目が０になる欄（✖印の欄）の数はそれぞれの倍数であり、素数にならない。

⑺　２進数、３進数、５進数、７進数の✖印の欄は１つ置き、２つ置き、４つ置き、６つ置きなど規則性を持って印がつく（理由はそれぞれ、２の倍数、３の倍数、５の倍数、７の倍数であること）。

⑻　表１の横１列に✖の印のない数が素数である（但し、前提事項⑵は除く）。

⑼　10進数で210まで（前提事項⑶）の表１の最後で10進数、２進数、３進数、５進数、７進数の✖印が揃う。つまり、最小公倍数210で、一巡し、最初に戻ることになる。

⑽　10進数で211から、また同じ２進数、３進数、５進数、７進数の１桁目が０になる✖印の欄が規則的に配置される。理由は⑺に記載したとおり。

4 ゴールドバッハ予想の証明

(1) 10進数の４から210までの偶数と211から213までの偶数（10進法の１から３までの対応する位置で、偶数212になる）をすべて、素数の和であることを示せば、その後の偶数が、素数の和であることが証明される。

(2) (1)の証明は10進数で表現すれば、$210 \times n$（正の整数）＋(最初の表１の10進数、１～210までに出てくる素数)で表せる。

(3) (2)のために、$210 \times n$（正の整数)＋素数＝素数であることを証明する必要がある。

(4) $210 \times n$ ＋素数は、次のように表現（証明）される。
$2 \times 3 \times 5 \times 7 \times n$ ＋素数（但し、n はこの素数の倍数ではないこと)、言い換えれば、2, 3, 5, 7の最小公倍数を n 倍した公倍数に素数（2, 3, 5, 7で割れない数）を加えると、2, 3, 5, 7で割れない数、素数になる。
数式で表せば、
２で割れるか
$(2 \times 3 \times 5 \times 7 \times n) \times 1/2 +$ 素数 $\times 1/2$
$= (3 \times 5 \times 7 \times n) +$ 素数 $\times 1/2$
となり、割り切れない、素数である。
３で割れるか
$(2 \times 3 \times 5 \times 7 \times n) \times 1/3 +$ 素数 $\times 1/3$
$= (2 \times 5 \times 7 \times n) +$ 素数 $\times 1/3$
となり、割り切れない、素数である。

５で割れるか

$(2\times 3\times 5\times 7\times n)\times 1/5+$素数$\times 1/5$

$=(2\times 3\times 7\times n)+$素数$\times 1/5$

となり、割り切れない、素数である。

７で割れるか

$(2\times 3\times 5\times 7\times n)\times 1/7+$素数$\times 1/7$

$=(2\times 3\times 5\times n)+$素数$\times 1/7$

となり、割り切れない、素数である。

⑸　４から210までの偶数は、表２（53頁参照）のとおり、素数の和で表現される。それ以上の偶数は、($210\times a$ ＋素数１）と（$210\times b$ ＋素数２）の和、(但し、a は素数１の倍数ではない、b は素数２の倍数ではないこと）になる。但し、$n=a+b$ で、かつ n は210（最小公倍数）の何巡目か、を意味する１以上の整数とする。

5 証明の別表現

⑴　前記の証明は、10進数を、210進数に書き換えると、210で桁上げになるので、また同じ１からになり、10進数の１から210までの偶数は桁を繰り上げるたびに同じことが繰り返される。210進数で表現すれば、解りやすい。

⑵　210進数による証明

１から210までの素数は、１を含めて、50ある。表２の素数表のとおりである。これら素数を異なる２つを全ての組み合わせで和を求めると表２の素数表になる。
この見方は、縦の左側に素数、横の上列に素数を並べて互いの組合せで和を求めると素数１と素数２の和になる。この素数の和では210以内の偶数は全て入る。
それ以上の偶数も390まで、400台も少し出る。
しかし、ここでは、210までを用いる。それ以上の偶数は210進数法で考える。
４から210まで（実際は390まで）の偶数は具体的にこの素数表で証明できる。
その次に、それ以上の偶数は210進数で証明する。

⑶　最初に、210進数の表記方法を考えたので、それを説明する。
210進数の表記方法を次のように考える。209までは、10進数を使って、210になったら桁を上げる。
しかし、横並びに桁を上げると、10進数と見分けがつかなくなるので、次のように、階段表記する。

	2		
		3	
			126

これは、10進数と混合表記になるが、桁が上がったことは明瞭に分かる。桁の上がった２や３は、210×３と、210×210×２を意味する。つまり、階段を上がるごとに、210の階乗になる。
それを表記すると、次のようになる。

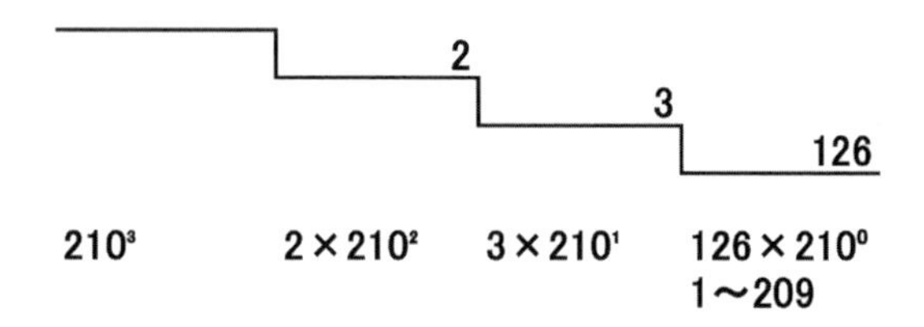

(4) この2　3　126という階段数字、つまり210進数の数字は10進法で表すと210×210×2＋210×3＋126となり、210×423＋126＝88830＋126＝88956となる。
ここで、126の素数の和はすでに、具体的に証明されている。
その一つは126＝103（素数1）＋23（素数2）である。
88956という偶数を、素数1＋素数2で表すために、210×423の423を2つに、213と210に分ける。
これは、任意に分けることができるが、126の素数である103と23の倍数はだめである。
88956＝素数1＋素数2＝(210×213＋103)＋(210×210＋23)＝44833（素数1）＋44123（素数2）＝88956となり、あらゆる桁の偶数は210進数の最初の1〜210（正確には、4以上の偶数であるから、一巡するのは213）までの素数の和で表現できる。
つまり、210×N＋素数A＝素数（但し、Nは素数Aの倍数ではないこと）である。
理由は最小公倍数である210は2, 3, 5, 7の倍数で、これに2, 3, 5, 7で割れない素数を加算したら、2, 3, 5, 7で割れない素数になる。

これにより、210進数を使えば最初の210までの偶数は、その素数の和により表現できる。
それ以上の偶数は、210進数を使って、桁を上げるだけで表現できる。つまり、210までの素数で、すべての上位の桁の素数の和を表現できる。言い換えれば、全ての偶数を素数の和で証明できる。

表1（○印と＊が素数となる）

	10進数	2進数		3進数		5進数		7進数	
	0	0		0		0		0	
○	1	1		1		1		1	
＊	2	10	✖	2		2		2	
＊	3	11		10	✖	3		3	
	4	100	✖	11		4		4	
＊	5	101		12		10	✖	5	
	6	110	✖	20	✖	11		6	
＊	7	111		21		12		10	✖
	8	1000	✖	22		13		11	
	9	1001		100	✖	14		12	
	10	1010	✖	101		20	✖	13	
○	11	1011		102		21		14	
	12	1100	✖	110	✖	22		15	
○	13	1101		111		23		16	
	14	1110	✖	112		24		20	✖
	15	1111		120	✖	30	✖	21	
	16	10000	✖	121		31		22	
○	17	10001		122		32		23	
	18	10010	✖	200	✖	33		24	
○	19	10011		201		34		25	
	20	10100	✖	202		40	✖	26	
	21	10101		210	✖	41		30	✖
	22	10110	✖	211		42		31	
○	23	10111		212		43		32	
	24	11000	✖	220	✖	44		33	
	25	11001		221		100	✖	34	
	26	11010	✖	222		101		35	
	27	11011		1000	✖	102		36	
	28	11100	✖	1001		103		40	✖
○	29	11101		1002		104		41	
	30	11110	✖	1010	✖	110	✖	42	
○	31	11111		1011		111		43	
	32	100000	✖	1012		112		44	
	33	100001		1020	✖	113		45	
	34	100010	✖	1021		114		46	
	35	100011		1022		120	✖	50	✖
	36	100100	✖	1100	✖	121		51	
○	37	100101		1101		122		52	
	38	100110	✖	1102		123		53	
	39	100111		1110	✖	124		54	
	40	101000	✖	1111		130	✖	55	

2進数3進数5進数7進数の表記省略

	10進数	2進数	3進数	5進数	7進数
	210	✖	✖	✖	✖
○	211				
	212	✖			
	213		✖		
	214	✖			
	215			✖	
	216	✖	✖		
	217				✖
	218	✖			
	219		✖		
	220	✖		✖	
○	221				
	222	✖	✖		
○	223				
	224	✖			✖
	225		✖	✖	
	226	✖			
○	227				
	228	✖	✖		
○	229				
	230	✖		✖	
	231		✖		✖
	232	✖			
○	233				
	234	✖	✖		
	235			✖	
	236	✖			
	237		✖		
	238	✖			✖
○	239				
	240	✖	✖	✖	
○	241				
	242	✖			
	243		✖		
	244	✖			
	245			✖	✖
	246	✖	✖		
○	247				
	248	✖			
	249		✖		
	250	✖		✖	

○	41	101001		1112		131		56	
	42	101010	✖	1120	✖	132		60	✖
○	43	101011		1121		133		61	
	44	101100	✖	1122		134		62	
	45	101101		1200	✖	140	✖	63	
	46	101110	✖	1201		141		64	
○	47	101111		1202		142		65	
	48	110000	✖	1210	✖	143		66	
	49	110001		1211		144		100	✖
	50	110010	✖	1212		200	✖	101	
	51	110011		1220	✖	201		102	
	52	110100	✖	1221		202		103	
○	53	110101		1222		203		104	
	54	110110	✖	2000	✖	204		105	
	55	110111		2001		210	✖	106	
	56	111000	✖	2002		211		110	✖
	57	111001		2010	✖	212		111	
	58	111010	✖	2011		213		112	
○	59	111011		2012		214		113	
	60	111100	✖	2020	✖	220	✖	114	
○	61	111101		2021		221		115	
	62	111110	✖	2022		222		116	
	63	111111		2100	✖	223		120	✖
	64	1000000	✖	2101		224		121	
	65	1000001		2102		230	✖	122	
	66	1000010	✖	2110	✖	231		123	
	67	1000011		2111		232		124	
	68	1000100	✖	2112		233		125	
	69	1000101		2120	✖	234		126	
	70	1000110	✖	2121		240	✖	130	✖
○	71	1000111		2122		241		131	
	72	1001000	✖	2200	✖	242		132	
○	73	1001001		2201		243		133	
	74	1001010	✖	2202		244		134	
	75	1001011		2210	✖	300	✖	135	
	76	1001100	✖	2211		301		136	
	77	1001101		2212		302		140	✖
	78	1001110	✖	2220	✖	303		141	
○	79	1001111		2221		304		142	
	80	1010000	✖	2222		310	✖	143	
	81	1010001		10000	✖	311		144	
	82	1010010	✖	10001		312		145	
○	83	1010011		10002		313		146	

○	251				
	252	✖	✖		✖
○	253				
	254	✖			
	255		✖	✖	
	256	✖			
○	257				
	258	✖	✖		
	259				✖
	260	✖		✖	
	261		✖		
	262	✖			
○	263				
	264	✖	✖		
	265			✖	
	266	✖			✖
	267		✖		
	268	✖			
○	269				
	270	✖	✖	✖	
○	271				
	272	✖			
	273		✖		✖
	274	✖			
	275			✖	
	276	✖	✖		
	277				
	278	✖			
	279		✖		
	280	✖		✖	✖
○	281				
	282	✖	✖		
○	283				
	284	✖			
	285		✖	✖	
	286	✖			
	287				✖
	288	✖	✖		
○	289				
	290	✖		✖	
	291		✖		
	292	✖			
○	293				

	84	1010100	✖	10010	✖	314		150	✖		294	✖	✖		✖
	85	1010101		10011		320	✖	151			295			✖	
	86	1010110	✖	10012		321		152			296	✖			
	87	1010111		10020	✖	322		153			297		✖		
	88	1011000	✖	10021		323		154			298	✖			
○	89	1011001		10022		324		155		○	299				
	90	1011010	✖	10100	✖	330	✖	156			300	✖	✖	✖	
	91	1011011		10101		331		160	✖		301				✖
	92	1011100	✖	10102		332		161			302	✖			
	93	1011101		10110	✖	333		162			303		✖		
	94	1011110	✖	10111		334		163			304	✖			
	95	1011111		10112		340	✖	164			305			✖	
	96	1100000	✖	10120	✖	341		165			306	✖	✖		
○	97	1100001		10121		342		166		○	307				
	98	1100010	✖	10122		343		200	✖		308	✖			✖
	99	1100011		10200	✖	344		201			309		✖		
	100	1100100	✖	10201		400	✖	202			310	✖		✖	
○	101	1100101		10202		401		203		○	311				
	102	1100110	✖	10210	✖	402		204			312	✖	✖		
○	103	1100111		10211		403		205		○	313				
	104	1101000	✖	10212		404		206			314	✖			
	105	1101001		10220	✖	410	✖	210	✖		315		✖	✖	✖
	106	1101010	✖	10221		411		211			316	✖			
○	107	1101011		10222		412		212		○	317				
	108	1101100	✖	11000	✖	413		213			318	✖	✖		
○	109	1101101		11001		414		214		○	319				
	110	1101110	✖	11002		420	✖	215			320	✖		✖	
	111	1101111		11010	✖	421		216			321		✖		
	112	1110000	✖	11011		422		220	✖		322	✖			✖
○	113	1110001		11012		423		221		○	323				
	114	1110010	✖	11020	✖	424		222			324	✖	✖		
	115	1110011		11021		430	✖	223			325			✖	
	116	1110100	✖	11022		431		224			326	✖			
	117	1110101		11100	✖	432		225			327		✖		
	118	1110110	✖	11101		433		226			328	✖			
	119	1110111		11102		434		230	✖		329				✖
	120	1111000	✖	11110	✖	440	✖	231			330	✖	✖	✖	
○	121	1111001		11111		441		232		○	331				
	122	1111010	✖	11112		442		233			332	✖			
	123	1111011		11120	✖	443		234			333		✖		
	124	1111100	✖	11121		444		235			334	✖			
	125	1111101		11122		1000	✖	236			335			✖	
	126	1111110	✖	11200	✖	1001		240	✖		336	✖	✖		✖

○	127	1111111		11201		1002		241		○	337				
	128	10000000	✖	11202		1003		242			338	✖			
	129	10000001		11210	✖	1004		243			339		✖		
	130	10000010	✖	11211		1010	✖	244			340	✖		✖	
○	131	10000011		11212		1011		245		○	341				
	132	10000100	✖	11220	✖	1012		246			342	✖	✖		
	133	10000101		11221		1013		250	✖		343				✖
	134	10000110	✖	11222		1014		251			344	✖			
	135	10000111		12000	✖	1020	✖	252			345		✖	✖	
	136	10001000	✖	12001		1021		253			346	✖			
○	137	10001001		12002		1022		254		○	347				
	138	10001010	✖	12010	✖	1023		255			348	✖	✖		
○	139	10001011		12011		1024		256		○	349				
	140	10001100	✖	12012		1030	✖	260	✖		350	✖		✖	✖
	141	10001101		12020	✖	1031		261			351		✖		
	142	10001110	✖	12021		1032		262			352	✖			
○	143	10001111		12022		1033		263		○	353				
	144	10010000	✖	12100	✖	1034		264			354	✖	✖		
	145	10010001		12101		1040	✖	265			355			✖	
	146	10010010	✖	12102		1041		266			356	✖			
	147	10010011		12110	✖	1042		300	✖		357		✖		✖
	148	10010100	✖	12111		1043		301			358	✖			
○	149	10010101		12112		1044		302		○	359				
	150	10010110	✖	12120	✖	1100	✖	303			360	✖	✖	✖	
○	151	10010111		12121		1101		304		○	361				
	152	10011000	✖	12122		1102		305			362	✖			
	153	10011001		12200	✖	1103		306			363		✖		
	154	10011010	✖	12201		1104		310	✖		364	✖			✖
	155	10011011		12202		1110	✖	311			365			✖	
	156	10011100	✖	12210	✖	1111		312			366	✖	✖		
○	157	10011101		12211		1112		313		○	367				
	158	10011110	✖	12212		1113		314			368	✖			
	159	10011111		12220	✖	1114		315			369		✖		
	160	10100000	✖	12221		1120	✖	316			370	✖		✖	
	161	10100001		12222		1121		320	✖		371				✖
	162	10100010	✖	20000	✖	1122		321			372	✖	✖		
○	163	10100011		20001		1123		322		○	373				
	164	10100100	✖	20002		1124		323			374	✖			
	165	10100101		20010	✖	1130	✖	324			375		✖	✖	
	166	10100110	✖	20011		1131		325			376	✖			
○	167	10100111		20012		1132		326		○	377				
	168	10101000	✖	20020	✖	1133		330	✖		378	✖	✖		✖
○	169	10101001		20021		1134		331		○	379				

	170	10101010	✖	20022		1140	✖	332	
	171	10101011		20100	✖	1141		333	
	172	10101100	✖	20101		1142		334	
○	173	10101101		20102		1143		335	
	174	10101110	✖	20110	✖	1144		336	
	175	10101111		20111		1200	✖	340	✖
	176	10110000	✖	20112		1201		341	
	177	10110001		20120	✖	1202		342	
	178	10110010	✖	20121		1203		343	
○	179	10110011		20122		1204		344	
	180	10110100	✖	20200	✖	1210	✖	345	
○	181	10110101		20201		1211		346	
	182	10110110	✖	20202		1212		350	✖
	183	10110111		20210	✖	1213		351	
	184	10111000	✖	20211		1214		352	
	185	10111001		20212		1220	✖	353	
	186	10111010	✖	20220	✖	1221		354	
○	187	10111011		20221		1222		355	
	188	10111100	✖	20222		1223		356	
	189	10111101		21000	✖	1224		360	✖
	190	10111110	✖	21001		1230	✖	361	
○	191	10111111		21002		1231		362	
	192	11000000	✖	21010	✖	1232		363	
○	193	11000001		21011		1233		364	
	194	11000010	✖	21012		1234		365	
	195	11000011		21020	✖	1240	✖	366	
	196	11000100	✖	21021		1241		400	✖
○	197	11000101		21022		1242		401	
	198	11000110	✖	21100	✖	1243		402	
○	199	11000111		21101		1244		403	
	200	11001000	✖	21102		1300	✖	404	
	201	11001001		21110	✖	1301		405	
	202	11001010	✖	21111		1302		406	
	203	11001011		21112		1303		410	✖
	204	11001100	✖	21120	✖	1304		411	
	205	11001101		21121		1310	✖	412	
	206	11001110	✖	21122		1311		413	
	207	11001111		21200	✖	1312		414	
	208	11010000	✖	21201		1313		415	
○	209	11010001		21202		1314		416	

	380	✖		✖	
	381		✖		
	382	✖			
○	383				
	384	✖	✖		
	385			✖	✖
	386	✖			
	387		✖		
	388	✖			
○	389				
	390	✖	✖	✖	
○	391				
	392	✖			✖
	393		✖		
	394	✖			
	395			✖	
	396	✖	✖		
○	397				
	398	✖			
	399		✖		✖
	400	✖		✖	
○	401				
	402	✖	✖		
○	403				
	404	✖			
	405		✖	✖	
	406	✖			✖
○	407				
	408	✖	✖		
○	409				
	410	✖		✖	
	411		✖		
	412	✖			
	413				✖
	414	✖	✖		
	415			✖	
	416	✖			
	417		✖		
	418	✖			
○	419				

表２　素数の和

縦の素数と横の素数の和（1から210までの素数）

素数1（横） 素数2（縦）	1	2	3	5	7	11	13	17	19	23	29	31	37	41	43	47	53
1	2																
2	3	4															
3	4	5	6														
5	6	7	8	10													
7	8	9	10	12	14												
11	12	13	14	16	18	22											
13	14	15	16	18	20	24	26										
17	18	19	20	22	24	28	30	34									
19	20	21	22	24	26	30	32	36	38								
23	24	25	26	28	30	34	36	40	42	46							
29	30	31	32	34	36	40	42	46	48	52	58						
31	32	33	34	36	38	42	44	48	50	54	60	62					
37	38	39	40	42	44	48	50	54	56	60	66	68	74				
41	42	43	44	46	48	52	54	58	60	64	70	72	78	82			
43	44	45	46	48	50	54	56	60	62	66	72	74	80	84	86		
47	48	49	50	52	54	58	60	64	66	70	76	78	84	88	90	94	
53	54	55	56	58	60	64	66	70	72	76	82	84	90	94	96	100	106
59	60	61	62	64	66	70	72	76	78	82	88	90	96	100	102	106	112
61	62	63	64	66	68	72	74	78	80	84	90	92	98	102	104	108	114
71	72	73	74	76	78	82	84	88	90	94	100	102	108	112	114	118	124
73	74	75	76	78	80	84	86	90	92	96	102	104	110	114	116	120	126
79	80	81	82	84	86	90	92	96	98	102	108	110	116	120	122	126	132
83	84	85	86	88	90	94	96	100	102	106	112	114	120	124	126	130	136
89	90	91	92	94	96	100	102	106	108	112	118	120	126	130	132	136	142
97	98	99	100	102	104	108	110	114	116	120	126	128	134	138	140	144	150
101	102	103	104	106	108	112	114	118	120	124	130	132	138	142	144	148	154
103	104	105	106	108	110	114	116	120	122	126	132	134	140	144	146	150	156
107	108	109	110	112	114	118	120	124	126	130	136	138	144	148	150	154	160
109	110	111	112	114	116	120	122	126	128	132	138	140	146	150	152	156	162
113	114	115	116	118	120	124	126	130	132	136	142	144	150	154	156	160	166
121	122	123	124	126	128	132	134	138	140	144	150	152	158	162	164	168	174
127	128	129	130	132	134	138	140	144	146	150	156	158	164	168	170	174	180
131	132	133	134	136	138	142	144	148	150	154	160	162	168	172	174	178	184
137	138	139	140	142	144	148	150	154	156	160	166	168	174	178	180	184	190
139	140	141	142	144	146	150	152	156	158	162	168	170	176	180	182	186	192
143	144	145	146	148	150	154	156	160	162	166	172	174	180	184	186	190	196
149	150	151	152	154	156	160	162	166	168	172	178	180	186	190	192	196	202
151	152	153	154	156	158	162	164	168	170	174	180	182	188	192	194	198	204
157	158	159	160	162	164	168	170	174	176	180	186	188	194	198	200	204	210
163	164	165	166	168	170	174	176	180	182	186	192	194	200	204	206	210	216
167	168	169	170	172	174	178	180	184	186	190	196	198	204	208	210	214	220
173	174	175	176	178	180	184	186	190	192	196	202	204	210	214	216	220	226
179	180	181	182	184	186	190	192	196	198	202	208	210	216	220	222	226	232
181	182	183	184	186	188	192	194	198	200	204	210	212	218	222	224	228	234
187	188	189	190	192	194	198	200	204	206	210	216	218	224	228	230	234	240
191	192	193	194	196	198	202	204	208	210	214	220	222	228	232	234	238	244
193	194	195	196	198	200	204	206	210	212	216	222	224	230	234	236	240	246
197	198	199	200	202	204	208	210	214	216	220	226	228	234	238	240	244	250
199	200	201	202	204	206	210	212	216	218	222	228	230	236	240	242	246	252
209	210	211	212	214	216	220	222	226	228	232	238	240	246	250	252	256	262

	59	61	71	73	79	83	89	97	101	103	107	109	113	121	127	131	137	139
1																		
2																		
3																		
5																		
7																		
11																		
13																		
17																		
19																		
23																		
29																		
31																		
37																		
41																		
43																		
47																		
53																		
59	118																	
61	120	122																
71	130	132	142															
73	132	134	144	146														
79	138	140	150	152	158													
83	142	144	154	156	162	166												
89	148	150	160	162	168	172	178											
97	156	158	168	170	176	180	186	194										
101	160	162	172	174	180	184	190	198	202									
103	162	164	174	176	182	186	192	200	204	206								
107	166	168	178	180	186	190	196	204	208	210	214							
109	168	170	180	182	188	192	198	206	210	212	216	218						
113	172	174	184	186	192	196	202	210	214	216	220	222	226					
121	180	182	192	194	200	204	210	218	222	224	228	230	234	242				
127	186	188	198	200	206	210	216	224	228	230	234	236	240	248	254			
131	190	192	202	204	210	214	220	228	232	234	238	240	244	252	258	262		
137	196	198	208	210	216	220	226	234	238	240	244	246	250	258	264	268	274	
139	198	200	210	212	218	222	228	236	240	242	246	248	252	260	266	270	276	278
143	202	204	214	216	222	226	232	240	244	246	250	252	256	264	270	274	280	282
149	208	210	220	222	228	232	238	246	250	252	256	258	262	270	276	280	286	288
151	210	212	222	224	230	234	240	248	252	254	258	260	264	272	278	282	288	290
157	216	218	228	230	236	240	246	254	258	260	264	266	270	278	284	288	294	296
163	222	224	234	236	242	246	252	260	264	266	270	272	276	284	290	294	300	302
167	226	228	238	240	246	250	256	264	268	270	274	276	280	288	294	298	304	306
173	232	234	244	246	252	256	262	270	274	276	280	282	286	294	300	304	310	312
179	238	240	250	252	258	262	268	276	280	282	286	288	292	300	306	310	316	318
181	240	242	252	254	260	264	270	278	282	284	288	290	294	302	308	312	318	320
187	246	248	258	260	266	270	276	284	288	290	294	296	300	308	314	318	324	326
191	250	252	262	264	270	274	280	288	292	294	298	300	304	312	318	322	328	330
193	252	254	264	266	272	276	282	290	294	296	300	302	306	314	320	324	330	332
197	256	258	268	270	276	280	286	294	298	300	304	306	310	318	324	328	334	336
199	258	260	270	272	278	282	288	296	300	302	306	308	312	320	326	330	336	338
209	268	270	280	282	288	292	298	306	310	312	316	318	322	330	336	340	346	348

	143	149	151	157	163	167	173	179	181	187	191	193	197	199	209
1															
2															
3															
5															
7															
11															
13															
17															
19															
23															
29															
31															
37															
41															
43															
47															
53															
59															
61															
71															
73															
79															
83															
89															
97															
101															
103															
107															
109															
113															
121															
127															
131															
137															
139															
143	286														
149	292	298													
151	294	300	302												
157	300	306	308	314											
163	306	312	314	320	326										
167	310	316	318	324	330	334									
173	316	322	324	330	336	340	346								
179	322	328	330	336	342	346	352	358							
181	324	330	332	338	344	348	354	360	362						
187	330	336	338	344	350	354	360	366	368	374					
191	334	340	342	348	354	358	364	370	372	378	382				
193	336	342	344	350	356	360	366	372	374	380	384	386			
197	340	346	348	354	360	364	370	376	378	384	388	390	394		
199	342	348	350	356	362	366	372	378	380	386	390	392	396	398	
209	352	358	360	366	372	376	382	388	390	396	400	402	406	408	418

冬の鷺　間近に　翔る切通し

冬紅葉　川のほとりに　咳の神

砂鉄乾す　鋳物師は若し　式部の実

大樹いま、実を着くるとき　熟るるとき

気分を変えて　その三

土蜘蛛は　土に悩める　二月かな

きさらぎの　薔薇の棘さへ　うつくしき

日のあたる　右に人寄る　梅日和

湖をきし風　水仙の香を放ち

白梅の　ひかりをこぼす　観世音

御社に　冬籠りなる　六歌仙

Chapter 4

Proof of the Collatz conjecture

1 What is the Collatz conjecture?

Collatz conjecture is a prediction that if you repeat the operation of dividing by 2 for an even number or multiplying by 3 and adding 1 for an odd number, you will always end up with 1.

2 Prerequisites 1

Positive integers are decimal numbers. All decimal numbers are represented by hexadecimal and binary numbers.

Hexadecimal numbers are defined as numbers that start at 1 and increase by digits 2, 3, 4, 5, 6, 7, 8, 9, 10, 11, 12, 13, 14, 15.

There are no numbers to represent hexadecimal. I use decimal numbers from 1 to 15.

Since the display method is not defined, the display method is defined.

(1) Definition

The hexadecimal representation is displayed as follows.

n5	n4	n3	n2	n1
16^4	16^3	16^2	16^1	16^0
$n5 \times 16^4$	$n4 \times 16^3$	$n3 \times 16^2$	$n2 \times 16$	$n1 \times 1$

＊ 1. n1~n5 is a number (decimal) of 1~15 respectively.

＊ 2. $n3 \times 16^2$, etc. are numbers after conversion to decimal.

＊ 3. $n5 \times 16^4 + n4 \times 16^3 + n3 \times 16^2 + n2 \times 16^1 + n1$ is the digit after conversion to decimal.

(2) Specific example

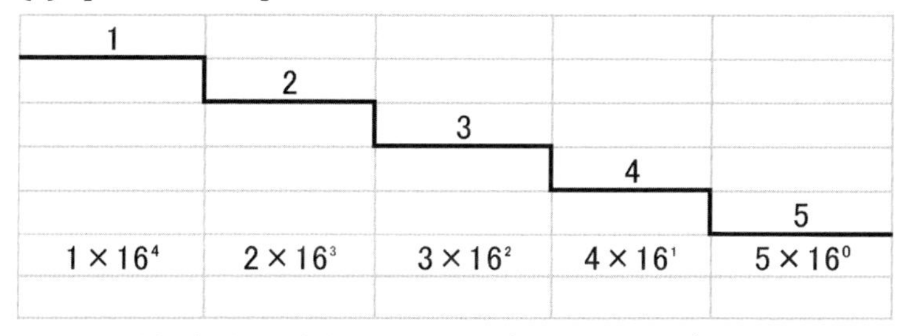

Expressed in decimal, it is $1 \times 16^4 + 2 \times 16^3 + 3 \times 16^2 + 4 \times 16^1 + 5 = 74565$.

3 Prerequisites 2

When the representation of a hexadecimal number is represented as a binary number, it is represented by 4 bits. That is, 1111. It is 15 in decimal.

If a number is expressed every 4 bits, it becomes a hexadecimal number that is carried up with 4 bits.

(1) Definition 1

Binary numbers every 4 bits are represented with spaces.

□ Specific examples

1001 1101 1111 0001 1001

In decimal, this is (2 to the power of 19)+(2 to the power of 16)+(2 to the power of 15)+(2 to the power of 14)+(2 to the power of 12)+(2 to the power of 11)+(2 to the power of 10)+(2 to the power of 9)+(2 to the power of 8)+(2 to the th power of 4)+(2 to the power of 3)+1.
In hexadecimal representation, this is $16^4 \times 9 + 16^3 \times 13 + 16^2 \times 15 + 16 \times 1 + 9$.

(2) Definition 2

Staircase notation every 4 bits.

□ Specific examples

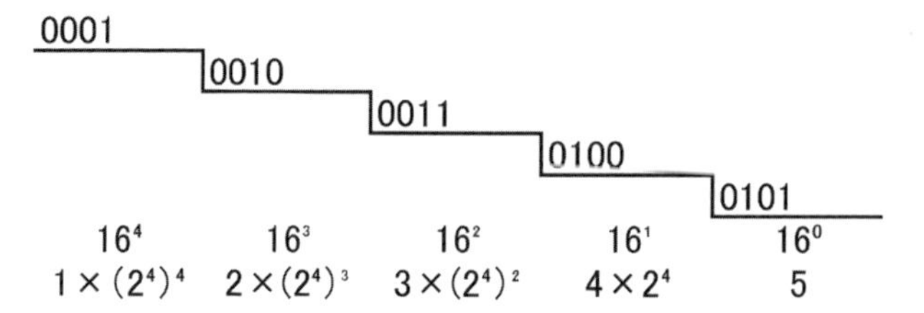

1=0001 2=0010 3=0011 4=0100 5=0101
4bits continuously 00010010001101000101
Display separated by spaces 0001 0010 0011 0100 0101

This is difficult to understand when binary numbers are arranged in a row, so it is a hexadecimal staircase representation.

4 Prerequisites 3

(1) Binary number operation 1

The way to divide an even number by 2 is to shift to the right. (An even number is the last 0 of the binary number.)
If so, shift it to the right. If it ends in 1, it is odd.

(2) Specific examples

The decimal number 14 is 1110 when expressed in binary. Divide by 2 and shift right. It becomes 0111, which is 7 in decimal.

(3) Binary number operation 2

The multiplication method to double is to shift it to the left.

If to triple, shift left. And add the original number (binary) once.

(4) Specific examples

Decimal number 5 is 0101 when expressed in binary.

To double it, shift left 1 time.

Let it be 1010 (10 in decimal). To triple, add 0101 to 1010.

$$\begin{array}{r} 1010 \\ +\ 0101 \\ \hline 1111\ (15) \end{array}$$

In other words, 5×3=15.

5 Proof 1

Positive integers are represented as hexadecimal numbers. The first stage n1 is 1~15. When n1 is 16, one step up.

The second stage is 16 steps, also from 1~15, where it becomes 16×n2.

The next stage is 16^2, 16^2×n3, and goes to the next stage.

n 5				
	n 4			
		n 3		
			n 2	
				n 1
16^4	16^3	16^2	16^1	16^0
$n5 \times 16^4$	$n4 \times 16^3$	$n3 \times 16^2$	$n2 \times 16$	$n1 \times 1$

1. n1~n5 is a number (decimal) of 1~15 respectively.
2. $n3 \times 16^2$, etc. are numbers after conversion to decimal.
3. $n5 \times 16^4 + n4 \times 16^3 + n3 \times 16^2 + n2 \times 16^1 + n1$ is the digit after conversion to decimal.

Here, the proof is the first digit 1~15.

If you do the process of "multiply by 3 and add 1 if it is an odd number, divide by 2 if it is even", you get 16.

And you will raise 16 to the next upper stage.

Table decimal number (1~15)

decimal	binary	return	odd× 3	add 1	even÷ 2	even÷ 2	even÷ 2	even÷ 2	even÷ 2
0	0								
1	1		3	4	2	1			
2	10				1				
3	11		9	10	5				
		5	15	**16**	8	4	2	1	
4	100				2	1			
5	101	5	15	**16**	8	4	2	1	
6	110				3				
		3	9	10	5				
		5	15	**16**	8	4	2	1	
7	111		21	22	11				
		11	33	34	17				
		17	51	52	26	13			
		13	39	40	20	10	5		
		5	15	**16**	8	4	2	1	
8	1000				4	2	1		
9	1001		27	28	14	7			
		7	21	22	11				
		11	33	34	17				
		17	51	52	26	13			
		13	39	40	20	10	5		
		5	15	**16**	8	4	2	1	
10	1010				5				
		5	15	**16**	8	4	2	1	
11	1011	11	33	34	17				
		17	51	52	26	13			
		13	39	40	20	10	5		
		5	15	**16**	8	4	2	1	
12	1100				6	3			
		3		10	5				
		5	15	**16**	8	4	2	1	
13	1101	13	39	40	20	10	5		
		5	15	**16**	8	4	2	1	
14	1110				7				
		7	21	22	11				
		11	33	34	17				
		17	51	52	26	13			
		13	39	40	20	10	5		
		5	15	**16**	8	4	2	1	
15	1111	15	45	46	23				
		23	69	70	35				
		35	105	106	53				
		53	159	160	80	40	20	10	5
		5	15	**16**	8	4	2	1	

All numbers except 1, 2, 4, and 8 become 16, which raises the hexadecimal digit by one.

In other words, instead of the smallest digit (1 to 15), it goes up to the next digit.

At this time, 1, 2, 4, 8 does not become 16, but divides by 2 to arrive at 1.

If there is a numerical value in the upper order of 1, 2, 4, and 8, borrow the high-order number 1 (16) and perform the same process to get 16.

1 is 16+1 for 17, 2 is 16+2 for 18, 4 is 16+4 for 20, 8 is 16+8 for 24.

The table of processes 17, 18, 20, and 24 is as follows.

The meaning of 16 is listed as a digit of the upper hexadecimal number, the lower digit will be 0.

If you convert this to a 4-bit binary number, it becomes 1 0000, the digit rises, and the minimum digit is 0000. In other words, an even number of 0000 is followed by a right-shift operation (divided by 2).

Table decimal number (1+16=17, 2+16=18, 4+16=20, 8+16=24)

decimal	binary	return	odd×3	add1	even ÷2	even ÷2	even ÷2	even ÷2	
17	10001	17	51	52	26	13			16+1
		13	39	40	20	10	5		
		5	15	**16**	8	4	2	1	
18	10010				9				16+2
		9	27	28	14	7			
		7	21	22	11				
		11	33	34	17				
		17	51	52	26	13			
		13	40	20	10	5			
		5	15	**16**	8	4	2	1	
20	10100				10	5			16+4

		5	15	**16**	8	4	2	1	
24	11000				12	6	3		16+8
		3	9	10	5				
		5	15	**16**	8	4	2	1	

1 is borrowed from the upper digit (4bit) of hexadecimal digits, and add to 1, 2, 4, and 8.

In the case of no digit in all upper digit, do the process of "divide by 2". And it becomes "1".

6 Proof 2

The explanation was given in hexadecimal numbers using decimal numbers, but the same proof is given with binary 4-bit numbers.

The smallest digits are from 0000 to 1111, from 0 to 15 in decimal. At this time, 0001 (1), 0010 (2), 0100 (4), and 1000 (8), if there is a number in the upper digit, borrow 10000 from the upper 4 bit and make 10001 (17), 10010 (18), 10100 (20), 11000 (24). You do "if an odd number, multiply by 3, and add 1, if an even number, divide by 2", and you get 10000 (16). The lower 4 bits are processed and incremented to 1 0000, and the next 4 bits are also processed as 1 0000 0000.

Table of (1～15)

decimal	4bit binary	return	odd×3+1	even÷2	even÷2	even÷2	even÷2	even÷2
1	1		100	10	1			
2	10			1				
3	11		1010	101				
		101	**10000**					
4	100			10	1			
5	101		**10000**					
6	110			11				
		11	1010	101				
		101	**10000**					
7	111		10110	1011				
		1011	100010	10001				
		10001	110100	11010	1101			
		1101	101000	101				
		101	**10000**					
8	1000			100	10	1		
9	1001		11100	1110	111			
		111	10110	1011				
		1011	100010	10001				
		10001	110100	11010	1101			
		1101	101000	101				
		101	**10000**					
10	1010			101				
		101	**10000**					
11	1011		100010	10001				
		10001	110100	11010	1101			
		1101	101000	10100	1010	101		
		101	**10000**					
12	1100			110	11			
		11	1010	101				
		101	**10000**					
13	1101		101000	10100	1010	101		
		101	**10000**					
14	1110			111				
		111	10110	1011				
		1011	100010	10001				
		10001	110100	11010	1101			
		1101	101000	10100	1010	101		
		101	**10000**					
15	1111		101110	10111				
		10111	1000110	100011				
		100011	1101010	110101				
		110101	10100000	1010000	101000	10100	1010	101
		101	**10000**					

Table of (1+16=17, 2+16=18, 4+16=20, 8+16=24)

decimal	4bit binary	return	odd×3+1	even÷2	even÷2	even÷2	even÷2	even÷2
17	10001		110100	11010	1101			
		1101	101000	10100	1010	101		
		101	**10000**					
18	10010			1001				
		1001	11100	1110	111			
		111	10110	1011				
		1011	100010	10001				
		10001	110100	11010	1101			
		1101	101000	10100	1010	101		
		101	**10000**					
20	10100			1010	101			
		101	**10000**					
24	11000			1100	110	11		
		11	1010	101				
		101	**10000**					

* All but 1, 2, 4, 8 are 10000 (16), with 1 added to the upper 4 bits.
If there are no higher numbers, 1, 2, 4, 8 means "If odd, multiply by 3 and add 1, if even, divide by 2."
It ends up being 1.

7 Summary of certification

(1) Summary

There are two ways to display positive integers in hexadecimal. One is 4-bit binary representation and another is hexadecimal staircase representation.

Numbers in hexadecimal notation (4 bits each) are processed. Processing means that "If the number is odd, multiply by 3 and add 1. If the number is even, divide by 2."

The result is 1 0000 (16), and raise the digit. This means increment the hexadecimal number by one.

The same is true for 4-bit binary numbers.

The result is 1 0000 (16), and raise the digit.

Add 1 to the end of the next upper 4 bits.

Since the digit goes up, 1 to 15 at the bottom becomes 0.
Add 1 to the least significant digit of the upper 4 bits of a 4-bit binary number.
If there are no digits in the upper digits of 1, 2, 4, and 8, the process continues.

For 1, 1×3+1=4, 4÷2=2, 2÷2=1
For 2, 2÷2=1
For 4, 4÷2=2, 2÷2=1
For 8, 8÷2=4, 4÷2=2, 2÷2=1

If there are numbers above 1, 2, 4, 8, borrow 16 or 1 0000 (binary digit) and do the processing.
In hexadecimal, 16+1=17, 16+2=18, 16+4=20, 16+8=24.
They are 17, 18, 20, 24 in decimal.
By binary expression, they are 10001, 10010, 10100, 11000.
These numbers becomes 10000 (16).
For each staircase indicated in hexadecimal step notation, or for each 4 bits of each digit in binary 4-bit representation processing, add 1 (16 or 10000) to the higher step.
And at next upper stage, if odd, multiply by 3 and add 1. If even, divide by 2.
Always be 10000 (16) and carry 1 to the next digit.
The lowest 4 bits are 0000, and 1 is added to the upper 4 bits.
Starting with the least significant 4 bits, 1 0000 (16). A number 1 is entered in the upper digit.
Every time you raise a 4-bit digit, the 4-bit number immediately below becomes 0000.

Finally, the most significant 4 bits become 1 (0001), 2 (0010), 4 (0100), 8 (1000), 16 (1 0000).

Anything less than 1 is 0000. Divide even numbers by 2.

Repeat right shift of binary arithmetic. Even numbers end with 1.

(2) Itemization of summary of proof (concise expression)

① Convert any decimal number to hexadecimal number.

② Hexadecimal notation using decimal numbers. Or expressed in 4-bit binary numbers.

③ For each stage of hexadecimal number (4 bits of binary number), "If it is an odd number, multiply by 3, add 1, if the number is even, divide by 2.", it will always be 16 (1 0000).

④ In the process of ③, if there are numbers in the upper digits, add 1 to 1 (0001), 2 (0010), 4 (0100), and 8 (1000).
16+1=17 (1 0001), 16+2=18 (1 0010), 16+4=20 (1 0100), 16+8=24 (1 1000).
The process is "if odd, multiply by 3, add 1 and divide by 2"
The result is always 16 (1 0000).
If the upper digit doesn't have a value, keep dividing by 2 to get 1.

⑤ When it reaches 16 (1 0000), add 1 (1 0000 in 4 bits) to the upper hexadecimal number.

⑥ When processing from ① to ⑤ ends at the bottom hexadecimal (lowest 4 bits), next stage is the upper 4 bits.

⑦ By repeating ① to ⑥, the highest digit (highest 4 bits) become 1 (0001), 2 (0010), 4 (0100), 8 (1000), or 16 (1 0000).

⑧ In ⑦, everything after the highest 1 is 0, and since it is an even number, continue dividing by 2 (continue right shift), it becomes 1.

(3) Example 1

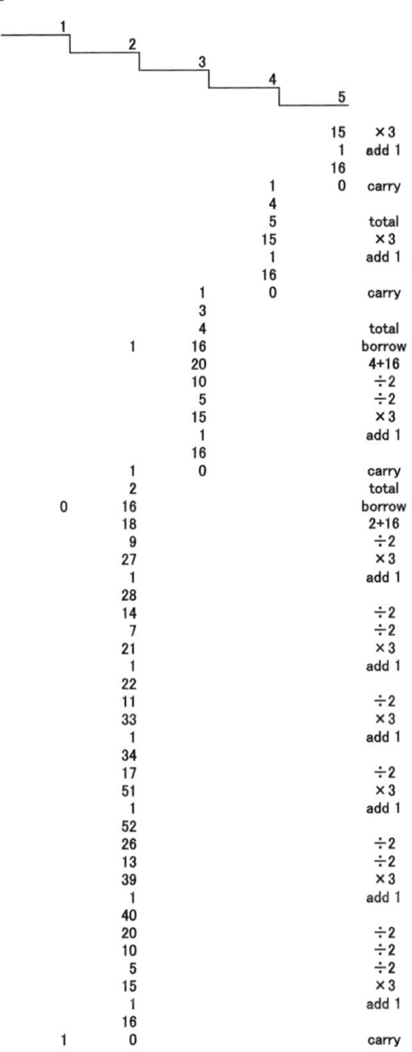
1 2 3 4 5
15 ×3
1 add 1
16
1 0 carry
4
5 total
15 ×3
1 add 1
16
1 0 carry
3
4 total
1 16 borrow
20 4+16
10 ÷2
5 ÷2
15 ×3
1 add 1
16
1 0 carry
2 total
0 16 borrow
18 2+16
9 ÷2
27 ×3
1 add 1
28
14 ÷2
7 ÷2
21 ×3
1 add 1
22
11 ÷2
33 ×3
1 add 1
34
17 ÷2
51 ×3
1 add 1
52
26 ÷2
13 ÷2
39 ×3
1 add 1
40
20 ÷2
10 ÷2
5 ÷2
15 ×3
1 add 1
16
1 0 carry

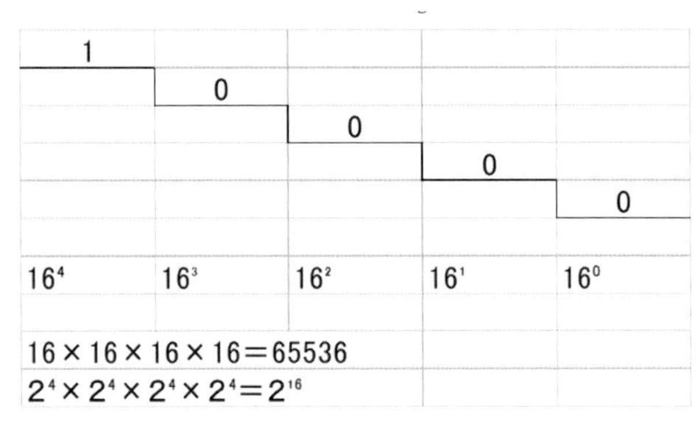

Final 10000 hexadecimal staircase diagram

(4) Example 2

1	2	3	4	5	
0001	0010	0011	0100	0101	
				1010	left shift(2 times)
				1111	add the original number
				0001	add 1
				10000	total
			0001	0000	carry
			0101		total
			1010		left shift(2 times)
			1111		add the original number
			0001		add 1
			10000		total
		0001	0000		carry
		0100			total
	0001	10100			1 borrow
		1010			÷2(right shift)
		0101			÷2(right shift)
		1010			left shift(2 times)
		1111			add the original number
		0001			add 1
		10000			total
	0001	0000			carry
	0010				total

To next page.

0000	10010				1 borrow
	1001				÷2(right shift)
	10010				left shift(2 times)
	11011				add the original number
	0001				add 1
	11100				total
	1110				÷2(right shift)
	0111				÷2(right shift)
	1110				left shift(2 times)
	10101				add the original number
	0001				add 1
	10110				total
	1011				÷2(right shift)
	10110				left shift(2 times)
	100001				add the original number
	0001				add 1
	100010				total
	10001				÷2(right shift)
	100010				left shift(2 times)
	110011				add the original number
	0001				add 1
	110100				total
	11010				÷2(right shift)
	1101				÷2(right shift)
	11010				left shift(2 times)
	100111				add the original number
	0001				add 1
	101000				total
	10100				÷2(right shift)
	1010				÷2(right shift)
	0101				÷2(right shift)
	1010				left shift(2 times)
	1111				add the original number
	0001				add 1
0000	10000				total
0001	0000				carry
0001	0000	0000	0000	0000	total
					continue(÷2(right shift))

For every 4 bits from the bottom, if you do “if odd, multiply by 3 and add 1, divide by 2 if even”.

It becomes 10000, and the next 4-bit digit is incremented by 1.

Finally, the highest digit is 1, and all the following are 0 (even numbers), so it is divisible by 2, and 1 last.

Chapter 5

Proof of the Goldbach conjecture

1 What is the Goldbach conjecture?

"An even number greater than or equal to 4 can be expressed as the sum of two prime numbers."

2 Prerequisites for proof

(1) Definition of prime numbers
Prime numbers are not divisible except by their own numbers. (Except for 1)

(2) By the definition of prime numbers, the first digits 2, 3, 5, and 7 in the decimal system are prime numbers.

(3) The least common multiple of 2, 3, 5, 7 is $2\times3\times5\times7=210$.

(4) Numbers expressed in the decimal system are called decimal, and numbers expressed in the binary system are binary numbers, expressed in the tri system are tri-decimal numbers, expressed in the penta system are the penta-decimal number and expressed in the seven-decimal systems are the seven-decimal numbers.

(5) Decimal numbers can be written as binary, tri-decimal, penta -decimal, seven-decimal.

3 About decimal, binary, tri-decimal, penta-decimal, and seven-decimal numbers

(1) Decimal, binary, tri-decimal, penta-decimal, and seven-decimal numbers from 1 to 210 are listed in Table 1. It is as follows.

(2) The first digit of the binary number in Table 1 is a multiple of 2 when it is 0.

(3) The first digit of the tri-decimal number in Table 1 is 0 when it is a multiple of 3.

(4) The first digit of the penta-decimal number in Table 1 is 0 when it is a multiple of 5.

(5) The first digit of the seven-decimal number in Table 1 is 0 when it is a multiple of 7.

(6) The number of fields with 0 eyes (✖ marked fields) is a multiple of each and is not prime.

(7) Binary, tri-decimal, penta-decimal, and seven-decimal ✖ markings have one, two, or four columns. It is marked with regularity. (The reasons are multiples of 2, 3, 5, 7)

(8) The number unmarked in ✖ the horizontal column of Table 1 is a prime number. (However, premise 2 (2) is excluded.)

(9) At the end of Table 1, (at decimal 210) all ✖ numbers are aligned.

In other words, with a least common multiple of 210, it goes round and returns to the beginning.

(10) From 211 in decimal, the fields marked with ✖, are arranged regularly.

The reasons are as described in (7).

4 Proof of the Goldbach conjecture

(1) Even numbers from 4 to 210 in decimal and even numbers from 211 to 213 (corresponds to decimal numbers 1 to 3) are the sum of 2 prime numbers.
If you show that, subsequent even numbers are proved to be the sum of 2 prime numbers.

(2) The proof of (1) is expressed in decimal as 210×n (positive integer)+(first Table 1 decimal, prime numbers that appear between 1~210).

(3) For (2), prove that 210×n (positive integer)+prime number= prime number.

(4) 210×n+prime numbers are expressed (proved) as follows.
2×3×5×7×n+prime (however, n is not a multiple of this prime).
This function yields prime numbers.

*1 Split by 2

$(2\times3\times5\times7\times n+\text{prime})/2=(2\times3\times5\times7\times n)\times1/2+\text{prime}\times1/2$

$=(3\times5\times7\times n)+\text{prime}\times1/2$

not divisible, it is a prime number.

*2 Split by 3

$(2\times3\times5\times7\times n+\text{prime})/3=(2\times3\times5\times7\times n)\times1/3+\text{prime}\times1/3$

$=(2\times5\times7\times n)+\text{prime}\times1/3$

not divisible, it is a prime number.

*3 Split by 5

$(2\times3\times5\times7\times n+\text{prime})/5=(2\times3\times5\times7\times n)\times1/5+\text{prime}\times1/5$

$=(2\times3\times7\times n)+\text{prime}\times1/5$

not divisible, it is a prime number.

*4 Split by 7

$(2\times3\times5\times7\times n+\text{prime})/7=(2\times3\times5\times7\times n)\times1/7+\text{prime}\times1/7$
$=(2\times3\times5\times n)+\text{prime}\times1/7$

not divisible, it is a prime number.

(5) Even numbers from 4 to 210 (or 4 to 418) are expressed as the sum of prime numbers, as shown in Table 2.
Even numbers are the sum of ($210\times a$+prime number 1) and ($210\times b$+prime number 2).
But a is not multiple of prime number 1. Or b is not multiple of prime number 2.
However, $n=a+b$ and n is an integer greater than or equal to 1, which means the number of rounds of 210 (the least common multiple).

5 Alternative representations of proof

(1) The above proof is that when a decimal number is rewritten to a "210-decimal" number, it becomes a carry-up at 210.
And since it will be from the same 1 again, even numbers from decimal numbers 1 to 210 are repeated digits.
The same thing is repeated every time. If you express by "210-decimal", it is easy to understand.

(2) Proof by "210-decimal"
There are 50 primes from 1 to 210, including 1. It is as shown in the prime number table in Table 2.
If you find the sum of two different primes in all combinations, you get the above prime number Table 2.
This view is that primes are arranged on the left side of the vertical column and prime numbers are arranged in the upper

column of the horizontal column, and the sum is obtained by combining each other.

This is the sum of prime number 1 and prime number 2.

The sum of these primes contains all even numbers within 210.

Even more than that will come out up to 390 and a little more than 418.

However, here, up to 210 is used.

Even numbers from 4 to 210 (actually up to 390) can be specifically proved by this table of prime numbers Table 2.

Next, even numbers above that are proved in “210-decimal”.

(3) First, I thought about how to write “210-decimal”, so I will explain it.

Consider the notation of “210-decimal” numbers as follows.

Up to 209, use decimal numbers.

When it does 210, raise the digit.

However, if you raise the digits side by side, it becomes indistinguishable from the decimal number, so use staircase notation.

	2		
		3	
			126

This is a mixed notation with decimal, but it is clear that the digit has been raised. 2 or 3 means $210 \times 210 \times 2$ and 210×3. In other words, going up the stairs means “raising digit”.

If we write it, it will be as follows.

	2		
		3	
			126
210^3	2×210^2	3×210^1	126×210^0
			1～209

(4) This step number 2 3 126, that is, the number 210-decimal, is expressed in the decimal system.

$210\times210\times2+210\times3+126=210\times423+126=88830+126=88956$ (decimal).

Here, the sum (sum of primes) of 126 has already been specifically proved.

One of them is 126=103 (prime number 1)+23 (prime number 2).

To represent the even number 88956 as prime number 1+prime number 2, make ($210\times$m+prime number 1)+($210\times$n+prime number 2).

$(210\times213+103)+(210\times210+23)$ was made.

88956=prime1+prime2=$(210\times213+103)+(210\times210+23)$=44833 (prime number 1)+44123 (prime number 2)=88956. Even numbers of all digits represent the first 1~210 of "210-decimal" numbers (to be precise, even numbers greater than 4, it can be expressed as the sum of prime numbers up to 213).

That is, $210\times$N+prime A=prime number (where N is not a multiple of prime A).

210 is the least common multiple of 2, 3, 5, 7.

If you add a prime number to 210, you get a prime number.
210×n+prime is prime.
The proof was given in 4 (4).
However, n is not a multiple of the prime number.
Above 210, if you raise the digits, all the number becomes 210×n+prime=prime.
Prime numbers can be expressed simply by raising the digit using “210-decimal”.
All even numbers can be proved by the sum of prime numbers.

Table 1 (○, ＊prime number)

	decimal	binary		ternary		pentagram		heptade cimal	
	0	0		0		0		0	
○	1	1		1		1		1	
＊	2	10	✖	2		2		2	
＊	3	11		10	✖	3		3	
	4	100	✖	11		4		4	
＊	5	101		12		10	✖	5	
	6	110	✖	20	✖	11		6	
＊	7	111		21		12		10	✖
	8	1000	✖	22		13		11	
	9	1001		100	✖	14		12	
	10	1010	✖	101		20	✖	13	
○	11	1011		102		21		14	
	12	1100	✖	110	✖	22		15	
○	13	1101		111		23		16	
	14	1110	✖	112		24		20	✖
	15	1111		120	✖	30	✖	21	
	16	10000	✖	121		31		22	
○	17	10001		122		32		23	
	18	10010	✖	200	✖	33		24	
○	19	10011		201		34		25	
	20	10100	✖	202		40	✖	26	
	21	10101		210	✖	41		30	✖
	22	10110	✖	211		42		31	
○	23	10111		212		43		32	
	24	11000	✖	220	✖	44		33	
	25	11001		221		100	✖	34	
	26	11010	✖	222		101		35	
	27	11011		1000	✖	102		36	
	28	11100	✖	1001		103		40	✖
○	29	11101		1002		104		41	
	30	11110	✖	1010	✖	110	✖	42	
○	31	11111		1011		111		43	
	32	100000	✖	1012		112		44	
	33	100001		1020	✖	113		45	
	34	100010	✖	1021		114		46	
	35	100011		1022		120	✖	50	✖
	36	100100	✖	1100	✖	121		51	
○	37	100101		1101		122		52	
	38	100110	✖	1102		123		53	
	39	100111		1110	✖	124		54	
	40	101000	✖	1111		130	✖	55	

	decimal	binary	ternary	pentagram	heptade cimal
	210	✖	✖	✖	✖
○	211				
	212	✖			
	213		✖		
	214	✖			
	215			✖	
	216	✖	✖		
	217				✖
	218	✖			
	219		✖		
	220	✖		✖	
○	221				
	222	✖	✖		
○	223				
	224	✖			✖
	225		✖	✖	
	226	✖			
○	227				
	228	✖	✖		
○	229				
	230	✖		✖	
	231		✖		✖
	232	✖			
○	233				
	234	✖	✖		
	235			✖	
	236	✖			
	237		✖		
	238	✖			✖
○	239				
	240	✖	✖	✖	
○	241				
	242	✖			
	243		✖		
	244	✖			
	245			✖	✖
	246	✖	✖		
○	247				
	248	✖			
	249		✖		
	250	✖		✖	

○	41	101001		1112		131		56		○	251				
	42	101010	✖	1120	✖	132		60	✖		252	✖	✖		✖
○	43	101011		1121		133		61		○	253				
	44	101100	✖	1122		134		62			254	✖			
	45	101101		1200	✖	140	✖	63			255		✖	✖	
	46	101110	✖	1201		141		64			256	✖			
○	47	101111		1202		142		65		○	257				
	48	110000	✖	1210	✖	143		66			258	✖	✖		
	49	110001		1211		144		100	✖		259				✖
	50	110010	✖	1212		200	✖	101			260	✖		✖	
	51	110011		1220	✖	201		102			261		✖		
	52	110100	✖	1221		202		103			262	✖			
○	53	110101		1222		203		104		○	263				
	54	110110	✖	2000	✖	204		105			264	✖	✖		
	55	110111		2001		210	✖	106			265			✖	
	56	111000	✖	2002		211		110	✖		266	✖			✖
	57	111001		2010	✖	212		111			267		✖		
	58	111010	✖	2011		213		112			268	✖			
○	59	111011		2012		214		113		○	269				
	60	111100	✖	2020	✖	220	✖	114			270	✖	✖	✖	
○	61	111101		2021		221		115		○	271				
	62	111110	✖	2022		222		116			272	✖			
	63	111111		2100	✖	223		120	✖		273		✖		✖
	64	1000000	✖	2101		224		121			274	✖			
	65	1000001		2102		230	✖	122			275			✖	
	66	1000010	✖	2110	✖	231		123			276	✖	✖		
	67	1000011		2111		232		124			277				
	68	1000100	✖	2112		233		125			278	✖			
	69	1000101		2120	✖	234		126			279		✖		
	70	1000110	✖	2121		240	✖	130	✖		280	✖		✖	✖
○	71	1000111		2122		241		131		○	281				
	72	1001000	✖	2200	✖	242		132			282	✖	✖		
○	73	1001001		2201		243		133		○	283				
	74	1001010	✖	2202		244		134			284	✖			
	75	1001011		2210	✖	300	✖	135			285		✖	✖	
	76	1001100	✖	2211		301		136			286	✖			
	77	1001101		2212		302		140	✖		287				✖
	78	1001110	✖	2220	✖	303		141			288	✖	✖		
○	79	1001111		2221		304		142		○	289				
	80	1010000	✖	2222		310	✖	143			290	✖		✖	
	81	1010001		10000	✖	311		144			291		✖		
	82	1010010	✖	10001		312		145			292	✖			
○	83	1010011		10002		313		146		○	293				

	84	1010100	✖	10010	✖	314		150	✖		294	✖	✖		✖
	85	1010101		10011		320	✖	151			295			✖	
	86	1010110	✖	10012		321		152			296	✖			
	87	1010111		10020	✖	322		153			297		✖		
	88	1011000	✖	10021		323		154			298	✖			
○	89	1011001		10022		324		155		○	299				
	90	1011010	✖	10100	✖	330	✖	156			300	✖	✖	✖	
	91	1011011		10101		331		160	✖		301				✖
	92	1011100	✖	10102		332		161			302	✖			
	93	1011101		10110	✖	333		162			303		✖		
	94	1011110	✖	10111		334		163			304	✖			
	95	1011111		10112		340	✖	164			305			✖	
	96	1100000	✖	10120	✖	341		165			306	✖	✖		
○	97	1100001		10121		342		166		○	307				
	98	1100010	✖	10122		343		200	✖		308	✖			✖
	99	1100011		10200	✖	344		201			309		✖		
	100	1100100	✖	10201		400	✖	202			310	✖		✖	
○	101	1100101		10202		401		203		○	311				
	102	1100110	✖	10210	✖	402		204			312	✖	✖		
○	103	1100111		10211		403		205		○	313				
	104	1101000	✖	10212		404		206			314	✖			
	105	1101001		10220	✖	410	✖	210	✖		315		✖	✖	✖
	106	1101010	✖	10221		411		211			316	✖			
○	107	1101011		10222		412		212		○	317				
	108	1101100	✖	11000	✖	413		213			318	✖	✖		
○	109	1101101		11001		414		214		○	319				
	110	1101110	✖	11002		420	✖	215			320	✖		✖	
	111	1101111		11010	✖	421		216			321		✖		
	112	1110000	✖	11011		422		220	✖		322	✖			✖
○	113	1110001		11012		423		221		○	323				
	114	1110010	✖	11020	✖	424		222			324	✖	✖		
	115	1110011		11021		430	✖	223			325			✖	
	116	1110100	✖	11022		431		224			326	✖			
	117	1110101		11100	✖	432		225			327		✖		
	118	1110110	✖	11101		433		226			328	✖			
	119	1110111		11102		434		230	✖		329				✖
	120	1111000	✖	11110	✖	440	✖	231			330	✖	✖	✖	
○	121	1111001		11111		441		232		○	331				
	122	1111010	✖	11112		442		233			332	✖			
	123	1111011		11120	✖	443		234			333		✖		
	124	1111100	✖	11121		444		235			334	✖			
	125	1111101		11122		1000	✖	236			335			✖	
	126	1111110	✖	11200	✖	1001		240	✖		336	✖	✖		✖

○	127	1111111		11201		1002		241		○	337				
	128	10000000	✖	11202		1003		242			338	✖			
	129	10000001		11210	✖	1004		243			339		✖		
	130	10000010	✖	11211		1010	✖	244			340	✖		✖	
○	131	10000011		11212		1011		245		○	341				
	132	10000100	✖	11220	✖	1012		246			342	✖	✖		
	133	10000101		11221		1013		250	✖		343				✖
	134	10000110	✖	11222		1014		251			344	✖			
	135	10000111		12000	✖	1020	✖	252			345		✖	✖	
	136	10001000	✖	12001		1021		253			346	✖			
○	137	10001001		12002		1022		254		○	347				
	138	10001010	✖	12010	✖	1023		255			348	✖	✖		
○	139	10001011		12011		1024		256		○	349				
	140	10001100	✖	12012		1030	✖	260	✖		350	✖		✖	✖
	141	10001101		12020	✖	1031		261			351		✖		
	142	10001110	✖	12021		1032		262			352	✖			
○	143	10001111		12022		1033		263		○	353				
	144	10010000	✖	12100	✖	1034		264			354	✖	✖		
	145	10010001		12101		1040	✖	265			355			✖	
	146	10010010	✖	12102		1041		266			356	✖			
	147	10010011		12110	✖	1042		300	✖		357		✖		✖
	148	10010100	✖	12111		1043		301			358	✖			
○	149	10010101		12112		1044		302		○	359				
	150	10010110	✖	12120	✖	1100	✖	303			360	✖	✖	✖	
○	151	10010111		12121		1101		304		○	361				
	152	10011000	✖	12122		1102		305			362	✖			
	153	10011001		12200	✖	1103		306			363		✖		
	154	10011010	✖	12201		1104		310	✖		364	✖			✖
	155	10011011		12202		1110	✖	311			365			✖	
	156	10011100	✖	12210	✖	1111		312			366	✖	✖		
○	157	10011101		12211		1112		313		○	367				
	158	10011110	✖	12212		1113		314			368	✖			
	159	10011111		12220	✖	1114		315			369		✖		
	160	10100000	✖	12221		1120	✖	316			370	✖		✖	
	161	10100001		12222		1121		320	✖		371				✖
	162	10100010	✖	20000	✖	1122		321			372	✖	✖		
○	163	10100011		20001		1123		322		○	373				
	164	10100100	✖	20002		1124		323			374	✖			
	165	10100101		20010	✖	1130	✖	324			375		✖	✖	
	166	10100110	✖	20011		1131		325			376	✖			
○	167	10100111		20012		1132		326		○	377				
	168	10101000	✖	20020	✖	1133		330	✖		378	✖	✖		✖
○	169	10101001		20021		1134		331		○	379				

	170	10101010	✖	20022		1140	✖	332	
	171	10101011		20100	✖	1141		333	
	172	10101100	✖	20101		1142		334	
○	173	10101101		20102		1143		335	
	174	10101110	✖	20110	✖	1144		336	
	175	10101111		20111		1200	✖	340	✖
	176	10110000	✖	20112		1201		341	
	177	10110001		20120	✖	1202		342	
	178	10110010	✖	20121		1203		343	
○	179	10110011		20122		1204		344	
	180	10110100	✖	20200	✖	1210	✖	345	
○	181	10110101		20201		1211		346	
	182	10110110	✖	20202		1212		350	✖
	183	10110111		20210	✖	1213		351	
	184	10111000	✖	20211		1214		352	
	185	10111001		20212		1220	✖	353	
	186	10111010	✖	20220	✖	1221		354	
○	187	10111011		20221		1222		355	
	188	10111100	✖	20222		1223		356	
	189	10111101		21000	✖	1224		360	✖
	190	10111110	✖	21001		1230	✖	361	
○	191	10111111		21002		1231		362	
	192	11000000	✖	21010	✖	1232		363	
○	193	11000001		21011		1233		364	
	194	11000010	✖	21012		1234		365	
	195	11000011		21020	✖	1240	✖	366	
	196	11000100	✖	21021		1241		400	✖
○	197	11000101		21022		1242		401	
	198	11000110	✖	21100	✖	1243		402	
○	199	11000111		21101		1244		403	
	200	11001000	✖	21102		1300	✖	404	
	201	11001001		21110	✖	1301		405	
	202	11001010	✖	21111		1302		406	
	203	11001011		21112		1303		410	✖
	204	11001100	✖	21120	✖	1304		411	
	205	11001101		21121		1310	✖	412	
	206	11001110	✖	21122		1311		413	
	207	11001111		21200	✖	1312		414	
	208	11010000	✖	21201		1313		415	
○	209	11010001		21202		1314		416	

	380	✖		✖	
	381		✖		
	382	✖			
○	383				
	384	✖	✖		
	385			✖	✖
	386	✖			
	387		✖		
	388	✖			
○	389				
	390	✖	✖	✖	
○	391				
	392	✖			✖
	393		✖		
	394	✖			
	395			✖	
	396	✖	✖		
○	397				
	398	✖			
	399		✖		✖
	400	✖		✖	
○	401				
	402	✖	✖		
○	403				
	404	✖			
	405		✖	✖	
	406	✖			✖
○	407				
	408	✖	✖		
○	409				
	410	✖		✖	
	411		✖		
	412	✖			
	413				✖
	414	✖	✖		
	415			✖	
	416	✖			
	417		✖		
	418	✖			
○	419				

(1) 0 in the first digit of the column is each multiple (✖)

(2) 2,3,5,7 is prime number (*)

Table 2 (prime number 1+prime number 2)

number1 (horizontal) number2 (vertical)	1	2	3	5	7	11	13	17	19	23	29	31	37	41	43	47	53
1	2																
2	3	4															
3	4	5	6														
5	6	7	8	10													
7	8	9	10	12	14												
11	12	13	14	16	18	22											
13	14	15	16	18	20	24	26										
17	18	19	20	22	24	28	30	34									
19	20	21	22	24	26	30	32	36	38								
23	24	25	26	28	30	34	36	40	42	46							
29	30	31	32	34	36	40	42	46	48	52	58						
31	32	33	34	36	38	42	44	48	50	54	60	62					
37	38	39	40	42	44	48	50	54	56	60	66	68	74				
41	42	43	44	46	48	52	54	58	60	64	70	72	78	82			
43	44	45	46	48	50	54	56	60	62	66	72	74	80	84	86		
47	48	49	50	52	54	58	60	64	66	70	76	78	84	88	90	94	
53	54	55	56	58	60	64	66	70	72	76	82	84	90	94	96	100	106
59	60	61	62	64	66	70	72	76	78	82	88	90	96	100	102	106	112
61	62	63	64	66	68	72	74	78	80	84	90	92	98	102	104	108	114
71	72	73	74	76	78	82	84	88	90	94	100	102	108	112	114	118	124
73	74	75	76	78	80	84	86	90	92	96	102	104	110	114	116	120	126
79	80	81	82	84	86	90	92	96	98	102	108	110	116	120	122	126	132
83	84	85	86	88	90	94	96	100	102	106	112	114	120	124	126	130	136
89	90	91	92	94	96	100	102	106	108	112	118	120	126	130	132	136	142
97	98	99	100	102	104	108	110	114	116	120	126	128	134	138	140	144	150
101	102	103	104	106	108	112	114	118	120	124	130	132	138	142	144	148	154
103	104	105	106	108	110	114	116	120	122	126	132	134	140	144	146	150	156
107	108	109	110	112	114	118	120	124	126	130	136	138	144	148	150	154	160
109	110	111	112	114	116	120	122	126	128	132	138	140	146	150	152	156	162
113	114	115	116	118	120	124	126	130	132	136	142	144	150	154	156	160	166
121	122	123	124	126	128	132	134	138	140	144	150	152	158	162	164	168	174
127	128	129	130	132	134	138	140	144	146	150	156	158	164	168	170	174	180
131	132	133	134	136	138	142	144	148	150	154	160	162	168	172	174	178	184
137	138	139	140	142	144	148	150	154	156	160	166	168	174	178	180	184	190
139	140	141	142	144	146	150	152	156	158	162	168	170	176	180	182	186	192
143	144	145	146	148	150	154	156	160	162	166	172	174	180	184	186	190	196
149	150	151	152	154	156	160	162	166	168	172	178	180	186	190	192	196	202
151	152	153	154	156	158	162	164	168	170	174	180	182	188	192	194	198	204
157	158	159	160	162	164	168	170	174	176	180	186	188	194	198	200	204	210
163	164	165	166	168	170	174	176	180	182	186	192	194	200	204	206	210	216
167	168	169	170	172	174	178	180	184	186	190	196	198	204	208	210	214	220
173	174	175	176	178	180	184	186	190	192	196	202	204	210	214	216	220	226
179	180	181	182	184	186	190	192	196	198	202	208	210	216	220	222	226	232
181	182	183	184	186	188	192	194	198	200	204	210	212	218	222	224	228	234
187	188	189	190	192	194	198	200	204	206	210	216	218	224	228	230	234	240
191	192	193	194	196	198	202	204	208	210	214	220	222	228	232	234	238	244
193	194	195	196	198	200	204	206	210	212	216	222	224	230	234	236	240	246
197	198	199	200	202	204	208	210	214	216	220	226	228	234	238	240	244	250
199	200	201	202	204	206	210	212	216	218	222	228	230	236	240	242	246	252
209	210	211	212	214	216	220	222	226	228	232	238	240	246	250	252	256	262

	59	61	71	73	79	83	89	97	101	103	107	109	113	121	127	131	137	139
1																		
2																		
3																		
5																		
7																		
11																		
13																		
17																		
19																		
23																		
29																		
31																		
37																		
41																		
43																		
47																		
53																		
59	118																	
61	120	122																
71	130	132	142															
73	132	134	144	146														
79	138	140	150	152	158													
83	142	144	154	156	162	166												
89	148	150	160	162	168	172	178											
97	156	158	168	170	176	180	186	194										
101	160	162	172	174	180	184	190	198	202									
103	162	164	174	176	182	186	192	200	204	206								
107	166	168	178	180	186	190	196	204	208	210	214							
109	168	170	180	182	188	192	198	206	210	212	216	218						
113	172	174	184	186	192	196	202	210	214	216	220	222	226					
121	180	182	192	194	200	204	210	218	222	224	228	230	234	242				
127	186	188	198	200	206	210	216	224	228	230	234	236	240	248	254			
131	190	192	202	204	210	214	220	228	232	234	238	240	244	252	258	262		
137	196	198	208	210	216	220	226	234	238	240	244	246	250	258	264	268	274	
139	198	200	210	212	218	222	228	236	240	242	246	248	252	260	266	270	276	278
143	202	204	214	216	222	226	232	240	244	246	250	252	256	264	270	274	280	282
149	208	210	220	222	228	232	238	246	250	252	256	258	262	270	276	280	286	288
151	210	212	222	224	230	234	240	248	252	254	258	260	264	272	278	282	288	290
157	216	218	228	230	236	240	246	254	258	260	264	266	270	278	284	288	294	296
163	222	224	234	236	242	246	252	260	264	266	270	272	276	284	290	294	300	302
167	226	228	238	240	246	250	256	264	268	270	274	276	280	288	294	298	304	306
173	232	234	244	246	252	256	262	270	274	276	280	282	286	294	300	304	310	312
179	238	240	250	252	258	262	268	276	280	282	286	288	292	300	306	310	316	318
181	240	242	252	254	260	264	270	278	282	284	288	290	294	302	308	312	318	320
187	246	248	258	260	266	270	276	284	288	290	294	296	300	308	314	318	324	326
191	250	252	262	264	270	274	280	288	292	294	298	300	304	312	318	322	328	330
193	252	254	264	266	272	276	282	290	294	296	300	302	306	314	320	324	330	332
197	256	258	268	270	276	280	286	294	298	300	304	306	310	318	324	328	334	336
199	258	260	270	272	278	282	288	296	300	302	306	308	312	320	326	330	336	338
209	268	270	280	282	288	292	298	306	310	312	316	318	322	330	336	340	346	348

	143	149	151	157	163	167	173	179	181	187	191	193	197	199	209
1															
2															
3															
5															
7															
11															
13															
17															
19															
23															
29															
31															
37															
41															
43															
47															
53															
59															
61															
71															
73															
79															
83															
89															
97															
101															
103															
107															
109															
113															
121															
127															
131															
137															
139															
143	286														
149	292	298													
151	294	300	302												
157	300	306	308	314											
163	306	312	314	320	326										
167	310	316	318	324	330	334									
173	316	322	324	330	336	340	346								
179	322	328	330	336	342	346	352	358							
181	324	330	332	338	344	348	354	360	362						
187	330	336	338	344	350	354	360	366	368	374					
191	334	340	342	348	354	358	364	370	372	378	382				
193	336	342	344	350	356	360	366	372	374	380	384	386			
197	340	346	348	354	360	364	370	376	378	384	388	390	394		
199	342	348	350	356	362	366	372	378	380	386	390	392	396	398	
209	352	358	360	366	372	376	382	388	390	396	400	402	406	408	418

あとがき

これを読んで、何だこれは、と思われるかもしれない。数学の叙述かと思いきや、俳句を載せたりして、支離滅裂だと言われるだろう。

実は、これが和算的と言いたいのである。和算の考え方には、数式だけとか、論理の展開に図を使ってはいけないとかがない。時には、文学的な発想を用いてみても、面白い。

支離滅裂かもしれないが、これによって意外な発想、つまり、論理推論が生まれるならいいわけだ。

意外な発想とは、例えば、「水は上から下に流れる」この物理法則はおかしいのではないか。地球的規模で見よ。地球は丸いではないか。どこに上とか、下とかあるのだ。正確に言えば「水は上から下に流れる」は間違いで、「水は地球の中心に向かって流れている」が正しいのではないか。見る位置を変えると、全く違った考え方が出てくる。

つまり、数学の論理思考は記号と数式でなければ、思考できない。そのような枠を作って物事を推論すると、その枠から抜け出せない。

人間の論理思考は自由でなければならない。これが和算的思考だ。和算とは論理思考に規則がない。自由である。むしろ、文学的思考が理解しやすいなら、それが良い。

これが一番言いたいことである。

多賀谷梧朗

多賀谷　梧朗（たがや　ごろう）

和算研究家。地方の大学を出た後、地方の労働局（厚労省）に勤務。労働安全コンサルタント。古い和算に興味があり、近頃は、最も難しい数独パズルを和算で解くことにはまっている。

和算的推論

コラッツ予想・ゴールドバッハ予想の証明

2023年6月24日　初版第1刷発行

著　者　多賀谷梧朗
発行者　中 田 典 昭
発行所　東京図書出版
発行発売　株式会社 リフレ出版
〒112-0001　東京都文京区白山 5-4-1-2F
電話 (03)6772-7906　FAX 0120-41-8080
印　刷　株式会社 ブレイン

© Goro Tagaya
ISBN978-4-86641-650-2 C0041
Printed in Japan 2023
本書のコピー、スキャン、デジタル化等の無断複製は著作権法上での例外を除き禁じられています。本書を代行業者等の第三者に依頼してスキャンやデジタル化することは、たとえ個人や家庭内での利用であっても著作権法上認められておりません。

落丁・乱丁はお取替えいたします。
ご意見、ご感想をお寄せ下さい。